阻燃聚对苯二甲酸乙二醇酯的制备与性能研究

张新星 ◎ 著

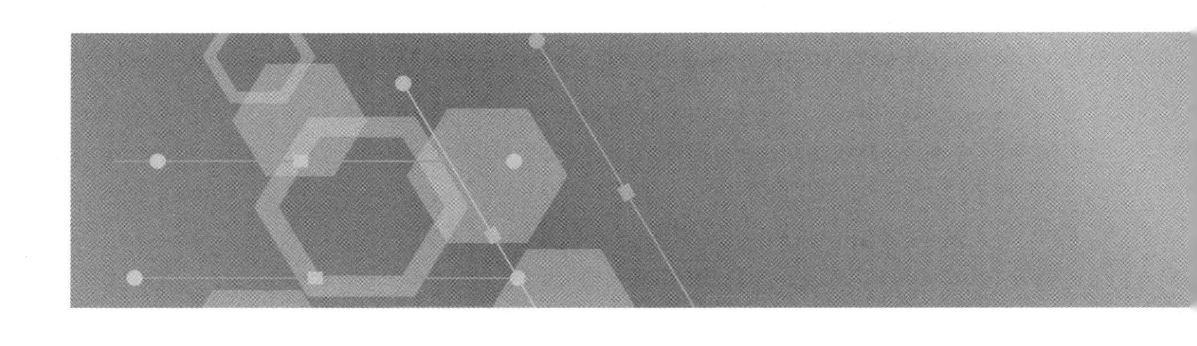

中国纺织出版社有限公司

内 容 提 要

本书采用具有电子效应的硝基取代席夫碱阻燃单体对聚对苯二甲酸乙二醇酯进行阻燃和抗熔滴改性，通过提高席夫碱阻燃单体的高温交联温度，进而提高改性聚对苯二甲酸乙二醇酯的可加工性。选用对聚合有促进作用的席夫碱作为阻燃单体，以缩短聚合时间，优化制备方法。

本书可供高分子化学及相关领域的科研人员参考，也可供从事合成纤维和热塑性聚酯加工的工程技术人员阅读。

图书在版编目（CIP）数据

阻燃聚对苯二甲酸乙二醇酯的制备与性能研究 / 张新星著 .-- 北京 : 中国纺织出版社有限公司 ,2023.12

ISBN 978-7-5229-0696-6

Ⅰ . ①阻…　Ⅱ . ①张…　Ⅲ . ①聚对苯二甲酸乙二酯—制备—研究②聚对苯二甲酸乙二酯—性能—研究　Ⅳ . ① TS190.6

中国国家版本馆 CIP 数据核字 (2023) 第 117124 号

责任编辑：孔会云　陈怡晓　　责任校对：高　涵　　责任印制：储志伟

中国纺织出版社有限公司出版发行

地址：北京市朝阳区百子湾东里 A407 号楼　邮政编码：100124

销售电话：010—67004422　传真：010—87155801

http://www.c-textilep.com

中国纺织出版社天猫旗舰店

官方微博 http://weibo.com/2119887771

天津千鹤文化传播有限公司印刷　各地新华书店经销

2023 年 12 月第 1 版第 1 次印刷

开本：787 × 1092　1/16　印张：6.5

字数：95 千字　定价：98.00 元

前 言

聚对苯二甲酸乙二醇酯（PET）以其高模量、高强度、高弹性等优良性能在合成纤维和工程塑料中得到广泛应用。但是，PET 的极限氧指数（LOI）为 20% ～ 22%，属于易燃材料，并且在燃烧过程中熔滴严重，需要对其进行阻燃抗熔滴改性研究。在共聚阻燃改性方面，传统磷系共聚阻燃单体提高 PET 阻燃性能的同时加剧了 PET 熔滴现象，为了实现 PET 阻燃和抗熔滴性能的改善，采用席夫碱类阻燃单体改善 PET 的阻燃抗熔滴性能成为近年的研究热点。但是，席夫碱高温自交联阻燃单体由于化学交联反应活性较高，致使席夫碱改性阻燃抗熔滴聚酯的高温交联温度低，可加工窗口窄，可加工性不强。同时，基于对缩短聚合时间等因素的考虑，工艺优化也一直是 PET 共聚改性的研究方向。

本研究采用具有电子效应的硝基取代席夫碱阻燃单体，以提高席夫碱阻燃单体的高温交联温度，进而提高其改性 PET 的可加工性。另外，选用对聚合有促进作用的席夫碱作为阻燃单体，可缩短聚合时间，优化制备方法。

首先，研究利用对位硝基取代席夫碱阻燃单体（4-NBA）共聚改性制备阻燃 PET——4-NBA_nPETs，在缩聚温度 240 ℃，反应时间 50 min，最终反应的真空度低于 70 Pa 的条件下，改性聚酯 4-NBA_{10}PET 的黏度达到 0.90 dL/g，相比非二酸酯结构席夫碱单体的缩聚反应时间 120 min，4-NBA 单体的二酸结构对于聚合反应有很好的促进作用。改性单体 4-NBA 的添加比例为 5%、10% 和 15% 时，合成的改性聚酯 4-NBA_5PET、4-NBA_{10}PET 和 4-NBA_{15}PET 的熔点随 4-NBA 用量的增加呈下降趋势，分别为 221 ℃、209 ℃ 和 198 ℃；玻璃化温度呈现上升趋势，分别为 80 ℃、85 ℃ 和 88 ℃。4-NBA_nPETs 的高温交联温度为 347 ～ 372 ℃，比没有硝基取代席夫碱的高温交联温度 250 ～ 348 ℃高，表现出更宽的加工窗口和更好的可加工性。阻燃性能测试表明，4-NBA 添加量为 10% 时，4-NBA_{10}PET 的极限氧指数为 32%，UL94 测试为 V-0 级。

其次，研究利用间位硝基取代席夫碱阻燃单体（3-NBA）共聚改性制备阻燃聚酯 3-NBA_{10}PET，缩聚反应 70 min 后，改性聚酯 3-NBA_{10}PET 的黏度达到 0.99 dL/g，表明了 3-NBA 单体对于聚合反应具有较好的促进作用。改性单体 3-NBA 添加比例为 5%、10% 和 15%，合成的聚酯 3-NBA_5PET、3-NBA_{10}PET 及 3-NBA_{15}PET 的熔点分别为 222 ℃、206 ℃和 199 ℃，玻璃化温度（T_g）分别为 82 ℃、83 ℃和 84 ℃，趋势与利用 4-NBA 改性时一致。3-NBA_nPETs 的交联温度进一步提高，达 355 ～ 385 ℃。阻燃性能测试表明，3-NBA_{10}PET 的极限氧指数为 31.8%，UL94 测试为 V-0 级。

最后，对邻位硝基取代席夫碱阻燃单体（2-NBA）共聚改性制备阻燃 2-NBA_nPETs 进行研究。经过不同实验条件的制备，核磁测试结果表明 2-NBA 单体没有聚合到 PET 分子链中。这主要是因为硝基位置引发的酯化反应活性变化等引起聚合反应活性的改变。

硝基取代席夫碱单体阻燃机理研究表明，4-NBA_{10}PET 及 3-NBA_{10}PET 的高温分解产物中均无与氮相关的阻燃气体成分（NO、NO_2），聚酯残炭红外测试表明残炭中存在—NO_2 基团，表明硝基没有分解而是残留在凝聚相中，阻燃机理为凝聚相阻燃机理。

硝基取代席夫碱阻燃单体的高温交联活性研究表明，其改性 PET 的交联温度均比无硝基取代席夫碱阻燃单体改性 PET 的交联温度高，表明硝基基团的电子效应钝化了席夫碱高温交联反应，提高了高温交联温度，提升了其改性 PET 的可加工性，并且交联温度范围 4-NBA_nPETs ＜ 3-NBA_nPETs，与通过环加成反应的前线轨道理论分析结果一致。

作者

2023 年 1 月

目　录

第1章　绪　论

1.1　引言

聚对苯二甲酸乙二醇酯（PET）具有优异的机械性能、耐热性能和尺寸稳定性，规模化成本低，其在服装、薄膜、工程塑料等领域有着广泛的应用[1-4]。但由于PET本身化学结构和燃烧特性，其极限氧指数（LOI）低（20%～22%），属于易燃材料[5-7]。PET聚酯在燃烧过程中，释放大量的比熔融热大的热量，造成聚酯容易软化形成熔滴，引发二次燃烧火灾，对生命财产造成威胁[8-13]。因此对PET进行阻燃改性研究十分重要，也是高分子领域长期以来致力于解决的问题之一[14-18]。

PET阻燃改性研究已有较长的时间，阻燃剂有不同的种类，如有机含磷化合物、无机纳米粒子、卤素系以及磷系共聚单体等[12,19]，阻燃改性方法也有共混阻燃、共聚阻燃等不同类型，随着高分子阻燃研究的不断深入，新型阻燃剂及相关的高效的阻燃改性方法发展迅速。由于环境保护的要求，阻燃剂的无卤化趋势越加明显[13,20]，同时PET熔滴性能严重，其抗熔滴性能研究也得到了广泛关注。阻燃型功能PET具备优异的阻燃性能和抗熔滴性能，在此基础上制备的功能型PET是扩大PET应用市场的有力保障[21-23]。

1.2　聚对苯二甲酸乙二醇酯简述

1942年，PET首次在实验室中被合成，于1948年实现工业化生产。最初PET的制备工艺方法是由对苯二甲酸乙二醇酯与对苯二甲酸甲酯经过酯交换和缩聚两步制备，其耗能较高。对苯二甲酸的制备技术成熟后，主要的生产由传统的酯交换法转变为酯化法，其由对苯二甲酸（PTA）与乙二醇（EG）经过酯化和缩聚制备[11]。PET 具有良好的物理性能和力学性能，耐疲劳性好、耐摩擦性优良、耐老化性优异以及电绝缘性突出，在纤维、包装、电子设备、汽车及建筑行业等领域得到了广泛的应用[24-27]。中国是 PET 产能大国，占亚洲产能的一半，占世界产能的约 40%，是世界第一大聚酯生产国[28-29]。但由于聚酯纤维具有易燃特性，且在装饰用及家居用领域应用广泛，容易成为火灾事故的易发源和快速传播源，给人民的生活、生命和财产带来隐患[30-33]。

1.2.1 聚对苯二甲酸乙二醇酯的结构特性

聚对苯二甲酸乙二醇酯（PET）是一种由碳氢氧等元素组成的不饱和聚酯材料，它由对苯二甲酸和乙二醇通过酯化和缩聚制得。其结构式如图 1.1 所示。PET 结构是对称的，无侧链存在，乙二醇部分是其柔性结构，苯环是其刚性结构，具有很好的几何规整性、线型结构、结晶性以及取向性，其结晶度为 40% ～ 60%，是半结晶型聚合物。PET 纤维具有很好的机械性、良好的稳定尺寸性以及高的断裂强度[34-35]。

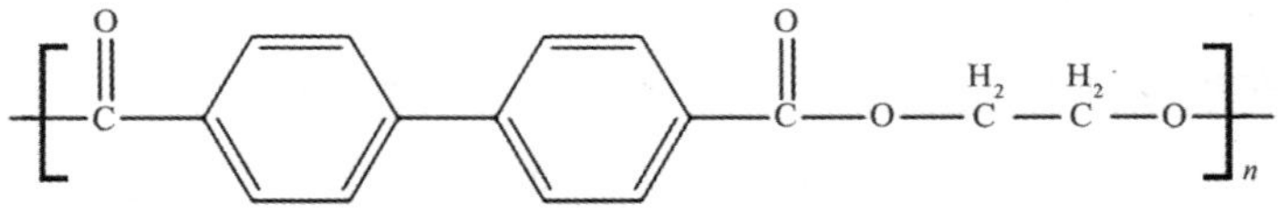

图 1.1　PET 分子结构

1.2.2 聚对苯二甲酸乙二醇酯的燃烧特性

PET 裂解温度为 420 ～ 450 ℃，裂解产生的主要可燃性成分为一氧化碳、乙炔、乙醛以及乙醇等，同时也会产生苯甲酸以及苯甲酸的衍生物等化合物，这些裂解的挥发产物的着火点为 480 ℃。PET 的熔融热量为 0.04 ～ 0.05 kJ/g，燃烧热量为 23 ～ 24 kJ/g，为其熔融热的 460 倍以上，高的燃烧热为其燃烧过程提高了热量源，导致 PET 燃烧更加剧烈，火焰蔓延，它在燃烧时的最高温度可以达到 690 ℃。根据 PET 的线性结构和成分特性，其燃烧的速度较快，导致其在燃烧过程中首先燃烧的部分聚酯经历高温后熔化，因其熔体黏度低导致熔化部分脱离原有的成固态的聚酯而滴落，即发生熔滴现象[10]。研究表明，PET从点燃到达到最大的燃烧速率耗时小于15 s，在这样高热释放量、高速率下燃烧的PET极其容易发生熔滴[11]，熔滴会引发二次火灾，使火势蔓延。所以，PET易于燃烧且熔滴现象严重[18,22]，为了提高PET应用的安全性，对其进行阻燃抗熔滴改性十分必要且意义重大[36]。

1.3 聚对苯二甲酸乙二醇酯阻燃改性方法

1.3.1 PET共混阻燃改性方法

共混改性方法指的是阻燃剂以机械混合的方式混合制备阻燃改性PET，混合方法一般采取熔融混合[37-47]，或者原位共聚方式添加阻燃剂[48-51]。阻燃剂有多种，如碳微球、碳纳米管、蒙脱土类、硼酸锌类、烷基次磷酸盐以及环三磷腈类等[9,49,52-56]以及纳米粒子[42,47,49,54-55]。共混改性工艺方法简单，但是改性制备的PET的阻燃性能不稳定，性能维持不久，并且共混改性方法中阻燃剂的添加量较大，这导致其对PET的其他性能，如力学性能以及可加工性能影响较大，需要添加其他改性剂进一步改善其性能[57-60]，这又从另一方面增加了其改性的复杂性和难度。

1.3.2 PET共聚阻燃改性方法

共聚改性属于本征阻燃改性方法，利用改性单体接入PET分子链中，阻燃单体在PET燃烧过程中释放阻燃气体，或者促进聚酯表层成炭实现PET的阻燃[61-65]。其合成方法有酯交换法和酯化法。酯交换法是PET合成最早使用的方法，主要的方式是利用对苯二甲酸二甲酯（DMT）与乙二醇在催化剂存在下进行一定时间的酯交换，然后在缩聚催化剂的条件下进行缩聚反应制备得到PET。酯化法是利用高纯度对苯二甲酸和乙二醇阻燃单体在高温高压无催化剂条件下进行酯化，然后在缩聚催化剂条件下缩聚制备得到改性阻燃PET。PET共聚改性材料性能稳定持久，对聚酯其他性能影响较低，综合性能较好，受到研究人员和工业生产的广泛关注[66-69]。此外，研究人员也在探索其他更加高效的方法进行制备。

1.3.3 PET 后处理阻燃改性方法

后处理指的是在 PET 的表面涂覆一层或者多层阻燃剂，使表面的阻燃剂在燃烧过程中发挥阻燃作用，实现材料的阻燃。其方法主要有溶剂法、烘焙法、涂覆法等。此方法简单易于操作，但由于阻燃剂涂覆于 PET 的表面导致其容易脱落并且阻燃性能不持久，使其应用受到了限制。

三种主要的改性方法各有优缺点，从性能的长久性等方面考虑，PET 共聚阻燃改性方法从分子结构上改变 PET 分子链，使分子本身具有阻燃功能，具有阻燃单体与基体相容性好、性能稳定、对其他性能影响小等优点，其研究具有可持续发展的空间。

1.4 聚对苯二甲酸乙二醇酯的阻燃抗熔滴改性研究

1.4.1 聚对苯二甲酸乙二醇酯阻燃抗熔滴机理

1.4.1.1 聚对苯二甲酸乙二醇酯阻燃机理简述

PET 在高温中燃烧的过程是一个聚合物的分子链无规断裂的过程，在加热过程中聚酯的酯键断裂生成乙烯基酯以及羧酸，二者共同促使 PET 分子链降解。PET 分子链高温分解过程中，乙烯基酯可以与分解出的羟乙基酯发生酯交换裂解出产物乙醛，同时产生一氧化碳、二氧化碳以及苯等挥发性产物。PET 的燃烧过程主要有高温分解、氧化以及成炭等步骤，聚酯燃烧必须具备以下条件：一是 PET 高温裂解释放可燃气体；二是 PET 燃烧过程释放热量维持聚酯高温分解释放可燃气体的温度；三是聚酯燃烧过程提供支持燃烧气体氧气。终止上述 PET 燃烧步骤的一步或者几步，其燃烧过程就可能被终止，从而实现聚酯阻燃[31,70]。根据不同的阻燃单体功能，已有的研究中归纳聚酯阻燃的主要机理有残层炭阻隔机理、自由基机理、气体稀释机理以及热量吸收机理。

（1）残层炭阻隔阻燃机理。改性 PET 在高温过程中加入聚酯中的阻燃剂生成促进聚酯的表面脱水碳化形成炭层的化合物，此高致密度炭层结构阻隔氧气和热量的传递，从而降低聚酯燃烧继续生成的可燃性气体，能有效阻止聚酯燃烧[71]。

（2）自由基阻燃机理。PET在燃烧过程中降解生成大量具有化学反应活性的自由基，这些自由基发生连锁反应生成更多的可燃性气体支持聚酯燃烧，其气相燃烧速率与活性自由基（·H和·OH）的浓度相关，浓度越高则燃烧速率越快。改性PET中的阻燃剂可捕获活性自由基团，减少自由基的浓度，从而降低自由基的燃烧反应速率，并最终终止燃烧反应[8-10]。

（3）气体稀释阻燃机理。改性PET阻燃改性剂在高温下分解，释放出不可燃烧的挥发性气体，这些气体聚集在PET燃烧物周围，降低了氧气和可燃气体的浓度，从而降低其燃烧速率，当氧气和可燃气体浓度低到一定程度的时候，燃烧反应被终止。另外，难燃烧的挥发性的气体的密度比空气大，覆盖到燃烧物的表面隔绝了氧气，终止燃烧过程[11]。

（4）热量吸收阻燃机理。阻燃剂在聚酯燃烧过程中发生相变脱水等吸热过程，带走部分聚酯燃烧生成的热量。热量被带走主要有以下两种形式。一是阻燃剂自身分解吸收热量，二是阻燃剂自身脱水过程生成的水或者生成的水汽化为水蒸气带走热量。有效降低基体的表面温度，从而抑制PET的进一步分解，最终终止其燃烧过程[11]。

聚酯的阻燃改性通常通过以上机理中的一种或者几种，来实现阻燃剂的阻燃功能。

1.4.1.2 聚对苯二甲酸乙二醇酯抗熔滴机理简述

PET因其线性结构导致其在燃烧过程中熔滴现象严重，造成火灾中的二次危害[10]。为了提高PET的阻燃性能，需要对其抗熔滴性能进行改性，可采用的方法有共混法和共聚法。共混法中，通常通过加入抗熔滴剂提高聚酯在高温下的熔融性和促进聚酯表面成炭改善其抗熔滴性能，所加入的抗熔滴剂包括纳米粒子、交联有机化合物等。共聚法中，利用抗熔滴单体与PET的原料共聚合成抗熔滴聚酯。所使用的抗熔滴单体通常为可发生交联的单体，利用单体高温下发生交联成环反应促进成炭过程，加速PET高温下熔体的固化过程，实现抗熔滴[50,72]。

1.4.2 聚对苯二甲酸乙二醇酯共聚阻燃抗熔滴研究

基于前面对PET阻燃改性方法的介绍与优劣势总结，共聚阻燃改性是一种本征的、高效的改性方法，通过改变PET的聚合物结构来改善其阻燃性能，具有阻燃单体与基体相容性好、性能稳定、对其他性能影响小等优点，本研究主要针对共聚型阻燃改性聚酯进行研究。

PET阻燃改性的初期，用于PET改性的阻燃剂主要是卤代阻燃剂，其具有较好的阻燃效果。含卤素阻燃剂是指含有氟、氯、溴以及碘的卤代阻燃剂，其中以氯、溴阻燃剂最为常用，其主要的阻燃机理是卤素元素在高温下产生可以捕获PET燃烧过程中产生的H·等的活性自由基，从而终止燃烧反应。但由于卤素燃烧过程中产生大量有毒卤素气体，近年来欧盟、日本等禁止使用卤素阻燃剂，因此无卤阻燃剂逐渐成为市场发展的方向[20]。

含磷、氮以及硅等元素的化合物、无机氢氧化物和金属氧化物等也都是常见的聚酯阻燃剂[9,13,19]。氮系阻燃剂在高温燃烧过程中产生和释放NO、NO_2或其他惰性气体，这些惰性气体通过稀释燃烧PET气体环境中的氧浓度和可燃气体浓度，从而降低燃烧速率，当氧气和可燃气体浓度低到一定值时，PET的燃烧就会被终止。各阻燃剂体系各有特点，适合不同的应用领域PET阻燃改性[8,15–17]。

相对而言，磷系阻燃剂在环保、高效方面取得了良好的效果。磷系阻燃剂通过在高温燃烧过程中产生含有磷的自由基来捕获维持PET燃烧的自由基，以此来实现PET的阻燃性能的提高[10]。研究人员一直致力于研究性能优异的共聚型阻燃PET共聚酯[9,73–74]，虽然磷系共聚合阻燃剂在PET阻燃性能领域得到了广泛应用，但传统的磷系共聚型阻燃剂存在恶化PET的抗熔滴性能问题[10]。为了解决这个难题，通常需要添加纳米颗粒来提高抗熔滴性能，但这会提高制备工艺的复杂程度，同时过量的添加剂会导致PET的其他性能损耗。因此，研究人员开发合成了基于各种化学反应机理的智能型阻燃和抗熔滴单体来改性PET的性能。现阶段最主要的新型方法包括高温交联、高温重排列、高温离子聚集和高温端基链捕获[10]。这些方法在提高PET阻燃性能的同时改善了其抗熔滴性能。

1.4.2.1 磷系阻燃聚对苯二甲酸乙二醇酯

利用含磷二元醇或者二元酸改性PET阻燃聚酯，磷元素的阻燃机理又主要分为三部分。磷系阻燃剂单体在高温下分解为可以与·H以及·OH自由基反应的自由基·PO_2、·PO和·HPO等，自由基发生反应终止燃烧链反应。在燃烧过程中，含磷元素单体生成高沸点的磷酸，磷酸促进PET实现阻燃。含磷元素单体在燃烧过程中生成可稀释燃烧气体的浓度，并在气体流动过程中带走燃烧产生的热量。此外，含磷元素单体高温下生成水气化带走燃烧热量，减少燃烧过程中热量供应，从而实现聚酯的阻燃[28]。

黄璐等[56]在聚对苯二甲酸乙二醇酯中引入阻燃剂［（6-氧代-6H-二苯并［c，e］［1，2］氧磷杂己环-6-基）甲基］丁二酸（DDP），采用共聚法得到含磷阻燃PET，将其与纳米二氧化硅（SiO_2）共混，得到SiO_2质量分数为2%～8%含磷硅阻燃PET，并对其结构与性能进行了研究。结果表明，DDP阻燃剂以共聚形式引入PET大分子链中，含磷阻燃改性PET的特性黏度随着DDP含量的增加而增大，当DDP的摩尔分数为7%时，其聚合难度增大，DDP的加入抑制了PET的结晶，但SiO_2的加入促进了PET的结晶。随着DDP含量的增加，PET的起始分解温度下降，含磷硅阻燃PET在800 ℃氮气氛围下质量保持率可达13.6%。随DDP含量的增加，含磷阻燃PET的极限氧指数（LOI）增大，当DDP摩尔分数为5%时，LOI达到了30.2%，加入质量分数为8%的SiO_2后，含磷硅阻燃PET的LOI为31.5%，垂直燃烧测试UL94等级达V-0级，SiO_2的加入能提高含磷硅阻燃PET的抗熔滴效果，使阻燃后的炭层石墨化程度提高。

Li等[48]采用含磷单体TLCP-AE与PET共聚合制备具有阻燃性能的PET共聚材料，当TLCP-AE的聚合添加量达到15 %（质量分数）时，材料的拉伸模量和弹性模量均达到最大值；当TLCP-AE的添加量从0增加到20 %（质量分数）时，材料的LOI指数从1.8%增加到32.5 %，当含磷单体的量增加时，材料的阻燃效果增加。此外，材料的热稳定性能也得到了大幅提升。

徐等[75]将*N*，*N*-二羟乙胺甲基膦酸二乙酯通过共聚反应的方式接入PET分子链中制备阻燃PET。研究中阻燃剂用量分别为5%、10%、15%和20%［质量分数，以BHET（对苯二甲酸双羟乙酯）质量为计算标准］。对其燃氧指数进行测试，实验测试结果表明，LOI 随着单体添加量的增加而降低，对应前面描述的添加比例，分别为 28.6%、28.2%、27.6% 和 26.8%。主要原因是单体的阻燃作用是通过所形成的半固态氧酸起作用。在改性 PET 聚酯中，单体量增加的时候，其中的刚性组分 BHET 组分含量降低，分子链的柔韧性增加，这导致了改性聚酯高温下的熔体黏度的降低，进而使其改性 PET 聚酯的熔滴性能恶化，这将不利于半固态含氧酸保护膜的形成。

龚等[51]以 2- 羧乙基苯基次磷酸（CEPPA）为第三单体，通过原位聚合法制备磷系阻燃共聚酯（FRPET）/ 磷酸盐玻璃（P-glass）纳米复合材料，并通过元素分析、差示扫描量热法（DSC）、热重分析（TGA）、极限氧指数及垂直燃烧等方法对其结构和性能进行了研究。结果表明，在原位聚合过程中，P-glass 能在基体内呈纳米尺寸均匀分散，并与阻燃共聚酯分子链发生相互作用。P-glass 的原位添加有利于提高材料的耐燃性并抑制其熔融滴落现象，其特性黏度达 0.64 dL/g。FRPET/P-glass 磷含量为 8.194 mg/g、P-glass 含量在 1% 以上时，FRPET/P-glass 垂直燃烧性能级别达 V-0 级，极限氧指数达 30.9%。

Guo 等[76]利用双酚 A 和双酚 F 作为含磷元素的阻燃剂与 PET 共聚来改善其阻燃性能，制备了两种类型的阻燃 PET，相比 PET，材料的热稳定性得到提高，但是阻燃性能没有很好地提升，添加双酚 A 型阻燃 PET 的 LOI 从 22% 提高到了 25%，UL94 等级达到 V-2 级，并且熔滴现象严重，添加双酚 F 型阻燃 PET，其 LOI 可以达到 26%，对材料燃烧后的残留炭层进行表征发现，其表面有不稳定炭层的生成。

Zhao 等[77]合成了单体 9，10- 二氢 -10-［2，3- 二（羟基羰基）丙基］10- 磷菲 -10- 氧化物，利用其共聚改性 PET。结果表明，高分子主链含磷基团使得 PET 分子的活化能比其位于侧链的高。此外，随着侧链含磷官能团单体共聚量的增大，阻燃 PET 的活化能降低。阻燃 PET 的阻燃性能测试结果表明，主链含磷阻燃单体共聚量摩尔分数为 7%［以 PTA（对苯二甲酸）的物质的量为基准］，阻燃 PET 聚酯的 LOI 为 38.6%，具有良好的阻燃效果。

黄等[78]利用磷系阻燃剂 2- 羧乙基苯基次磷酸改性 PET 的阻燃性能。采用了核磁共振等方法对改性聚酯的分子排列方式进行分析。测试结果表明，多数单体以无规则分布的方式存在于 PET 中，少量单体以短嵌段的方式存在于PET分子链中，随着单体聚合度增加，单体在PET中的无规系数变小。添加单体9.8 mg/g（每克PET中磷元素含量为9.8 mg），PET的极限氧指数LOI为33%，表现出良好的阻燃效果。此外，由于单体接入PET分子链破坏了其分子的规整性，阻燃改性PET的熔点和玻璃化转变温度都呈现下降现象。

马等[79]在PET的酯化阶段添加了磷系阻燃剂2-羧乙基（苯基磷酸）制备阻燃型PET，其中磷的添加量0.6%（质量分数）和硼酸锌阻燃剂0.05%～0.2%（质量分数）。实验和测试的结果表明，当单体的添加质量分数为0.05%，改性PET的LOI质量分数为27%，并且聚酯残炭量提高。实验中，当CEPPA 0.6%（质量分数）和ZB 0.2%（质量分数）同时加入时，抑烟效果明显，其LOI指数达29%，并且其抗液滴性能提高，表现出一定的阻燃熔滴效果。

Ge等用在磷系共聚的基础上添加纳米粒子的方法来改性PET的阻燃性能。使用的共聚阻燃单体为2-羧乙基（苯基膦酸），纳米粒子为纳米蒙脱土，所使用的方法是原位聚合改性方法。实验结果表明，添加少量的纳米蒙脱土颗粒可以提高PET共聚酯的热稳定性，并同时加快PET的结晶速度。磷系单体与纳米蒙脱土的协同作用优于单独使用磷系单体2-羧乙基（苯基膦酸），研究中各部分含量为纳米蒙脱土2%（质量分数，以PET的质量为计算标准）和2-羧乙基（苯基膦酸）5%（质量分数，以PET的质量为计算标准），PET材料的UL94等级达到最好的V-0级。

磷系共聚阻燃改性方法对PET具有良好的阻燃效果，但会导致PET的抗熔滴性能恶化，使含磷共聚阻燃剂的应用受到限制。一般情况下，需要添加其他抗熔滴剂来继续改性其抗熔滴性能，这增加了制备工艺的复杂性。因此有必要探索更加高效的阻燃改性方法，以提高PET的阻燃和抗熔滴的性能。

1.4.2.2 高温离子阻燃聚对苯二甲酸乙二醇酯

高温离子型共改性主要是将带有离子基团的阻燃单体以共聚的形式引入PET分子主链中，在PET高温燃烧过程中，离子改性单体分子在高温熔融状态下由链接于分子上的离子基团带动高分子链聚集，高密度的分子链聚集提高了 PET 燃烧表面的成炭能力，并提高了 PET 在高温熔融态的黏度，从而提高了 PET 阻燃性和抗熔滴性能，其属于凝聚相阻燃剂。一般地，为进一步提高高温离子型共聚单体改性 PET 的阻燃效果，可在单体中引入磷等阻燃元素，目的是利用磷等元素在聚酯燃烧过程中的气相阻燃作用，实现高温离子共聚单体的凝聚相和气相阻燃协同作用，进一步提高 PET 的阻燃抗熔滴效果 [80]。

Zhang 等 [80] 首先合成了一种含磷的钠离子单体 DHPPO–Na（10H–phenoxaphosphine–2，8–dicarboxylicacid，10–hydroxy–，2，8–dihydroxyethylester，10–oxide），利用其以共聚的方式进入 PET 分子链中得到具有阻燃功能的含磷和钠离子的功能 PET 材料。当单体添加量为 10%，其 LOI 从 22% 提高到 31%，体现了较好的阻燃性能，因为 DHPPO–Na 中的离子基团可以提高材料的在燃烧过程的成炭作用并提高材料的残炭中的碳的含量，并且由于离子之间的聚合，材料在高温下的熔体黏度增加，表现出抗熔滴的特性。少量 DHPPO–Na 的加入有利于加快材料的结晶过程，因为离子之间界面作用的成核作用，但是过量的 DHPPO–Na 则限制了其结晶过程中分子链的移动，降低了材料的结晶速度，从而降低了材料的结晶度。

Wang 等 [81] 合成了一种含有钾离子的单体 DHPPO–K（10–hydroxy–10–oxo–10H–phenoxaphosphine–2，8–dicarboxylicacid），然后利用它改善 PET 的阻燃性能。对其阻燃性能进行测试，实验表明，由于离子基团的存在，材料在熔融燃烧过程中的黏度增加，有效地抑制了熔滴现象的发生。离子基团诱发材料在高温下发生分解，形成更加稳定的残留物结构，促进炭层的形成，从而表现出良好的阻燃性能。锥形量热测试表明，当单体含量添加 5% 时，改性 PET 材料的热释放速度和总烟产生量比 PET 减低了 34% 和 58%。

GE 等 [69] 利用单体 2– 羟乙基 3–（苯基膦酰）丙酸盐制备阻燃抗熔滴 PET。实验结果表明，添加单体 10%（以 PTA 的物质的量计算的摩尔分数）时，改性 PET 的极限氧指数为 33%，体现很好的抗熔滴性能。单体中的钠离子基团在聚集的同时聚集高分子链 PET，从而促进表面成炭，实现凝聚相阻燃以及抗熔滴。单体高温下燃烧产生·HPO、·PO_2 和·PO 等自由基，它们与·H 以及·OH 自由基反应，从而终止 PET 燃烧。此外，单体限制 PET 分子链的移动，使其结晶能力下降。

高温离子聚集阻燃改性方法是一种新颖的聚合物阻燃抗熔滴改性方法，已有的研究中，PET 改性聚酯的阻燃抗熔滴性能得到明显改善。离子型功能单体改性聚合物具有独特的物理化学性能。现阶段，在 PET 高温离子聚集阻燃改性方法中使用的离子还有限，只有钠、钾离子的单体被使用。在 PET 阻燃抗熔滴改性方法中，含其他离子的共聚阻燃单体依然在研究中，以期寻找到具有更好阻燃抗熔滴效果的离子阻燃单体。

1.4.2.3 高温自交联阻燃聚对苯二甲酸乙二醇酯

高温交联阻燃改性方法是采用在高温下可发生高温交联生成环状化合物的具有阻燃和抗熔滴功能的阻燃单体，通过共聚方式改性 PET，此类阻燃单体在 PET 制备过程中不会发生高温交联反应，当聚酯加热到一定温度时，它会自动发生化学交联反应，这种形式可以促进 PET 燃烧表面炭形成以提高阻燃性能，并同时提高 PET 熔体在高温下的黏度，以提高其抗液滴性能，其阻燃机理为凝聚型阻燃机理 [82]。

Zhao 等 [83] 将 4- 苯乙炔基 -2- 邻苯二甲酸乙二醇酯作为智能自交联的单体引入到 PET 中，材料的阻燃性能得到了提升。同步热分析（TG-DSC）测试表明，材料在熔融和燃烧降解的过程中有一个吸热峰，表明了单体在此过程中发生了交联作用，其发生的温度范围在聚合材料熔融和燃烧之间，其交联过程如图 1.2 所示。实验表明，当合成单体添加量为 20% 时，其 LOI 指数从 22% 提高到了 25%。在材料的热稳定性方面，随着单体的引入，材料的分解起始温度相比 PET 降低，但材料的分解温度 $T_{5\%}$ 温度增加。

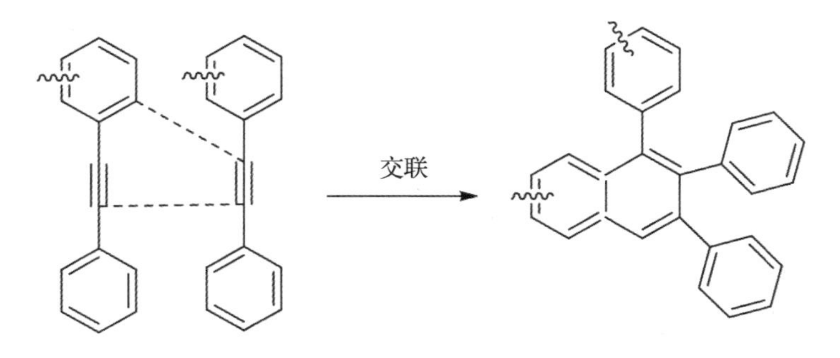

图 1.2 乙炔结构高温自交联过程 [83]

Wang 等 [84] 将单体 4- 对苯基乙炔基 -2- 乙二醇邻苯二甲酸酯聚合引入

PET 聚合物，利用核磁检测方法证明了单体的成功聚合。利用 TG-DSC 来测试新合成的聚合物的燃烧交联行为，结果表明，在其 DSC 曲线 336 ℃的位置上出现了明显的放热峰，表明了化学交联结构的形成。PET 的 HRC 值为 472 J/（g•K），当添加量为 40% 时，阻燃改性 PET 的 HRC 值 311 J/（g•K），表明单体接入 PET 中后体现了很好的材料阻燃性性能，但同时降低了 PET 的结晶能力。

Dong 等[85]合成了单体二甲基 5-［1，3- 二氧代 -3a，4，7，7a-4 氢 -1 氢 -4，7- 甲亚异吲哚 -2（3 氢）- 基］间苯二甲酸。采用共聚的方法将单体引入 PET 分子链中制备阻燃 PET。结果表明，添加单体 10%（以 DMT 量计的摩尔分数）时，PET 改性聚酯的 LOI 为 27.5%，且其 THR 和 PHRR 值均降低，表现出优异的阻燃性能。其阻燃机理是单体中烯烃存在 Diels-Alder 高温交联反应，反应产物为环构化合物促进聚酯燃烧表面成炭达到阻燃目的。添加单体 20% 时，改性 PET 的 LOI 为 26%，这可能是因为单体添加量增多时，Diels-Alder 反应释放更多的可燃气体促进聚酯燃烧过程，从而降低其阻燃性能。

Elizabeth 等[86]将 1，二氢环丁苯 3，6- 二羧酸（XTA）共聚入 PET 中制备了 PET-co-XTA 阻燃共聚体，材料自交联的温度为 250 ℃，低于材料的降解温度 400 ℃，材料的熔融温度和降解温度随着 XTA 的加入而降低，但是玻璃化温度和结晶温度随着 XTA 的加入而增强。当 XTA 的加入量达到 20mol 时，其 LOI 达到 35%，相比 PET 的 LOI18%，增值比较大。扫描电镜结果表明，材料表面有致密炭层，这能防止聚合物的进一步燃烧降解。

Wu 等[22]利用席夫碱单体 5-（亚苄基 - 亚氨基）间苯二甲酸二甲酯（BA）改性 PET。实验结果表明，BA 添加量 10%（以 DMT 的物质的量为计算标准的摩尔分数）时，阻燃 PET 的 LOI 达到 31%，UL94 为 V-0 级，测试无熔滴现象。锥形量热测试结果显示，阻燃 PET 的 TSR（total smoke release，总烟释放）、PHRR、THR 均降低，单体体现出阻燃抗熔滴以及抑烟效果。在高温下，席夫碱亚胺结构化学交联生成促进聚酯燃烧物表面成碳的六元环状结构，属于凝聚相阻燃，交联过程如图 1.3 所示。

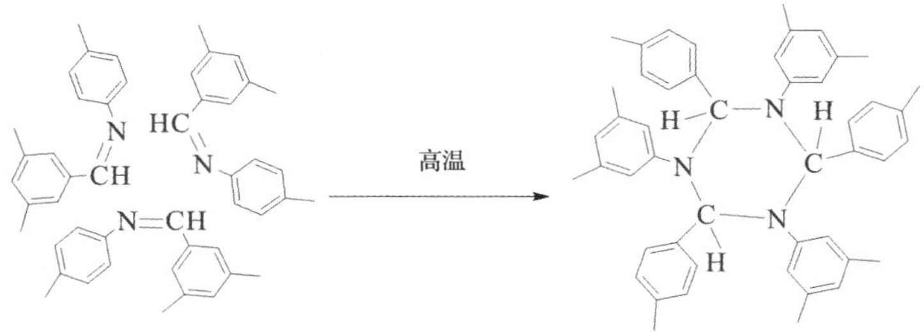

图 1.3 BA 阻燃单体的高温交联过程[22]

Wu 等[23]利用 5-[(2-氰基亚苄基)亚氨基]间苯二甲酸二甲酯(CBAA)制备阻燃抗熔滴 PET 共聚酯。实验结果表明，CBAA 添加量 10%（以 DMT 的物质的量为计算标准的摩尔分数），阻燃 PET 的 LOI 指数为 31%，UL94 等级为 V-0 级，测试无熔滴。锥形量热测试结果显示，阻燃 PET 的 PHRR、THR 以及 TSR 呈现下降趋势，表明单体对 PET 具有好的阻燃抑烟改性效果。单体的阻燃机理主要是两种结构亚胺和氰基的高温化学交联生成环状结构，其高温交联过程如图 1.4 所示，并且氰基在高温下产生可以捕获聚酯产生的活性自由基的含氮自由基，使燃烧反应被终止，其阻燃机理是凝聚相和气相协同阻燃。

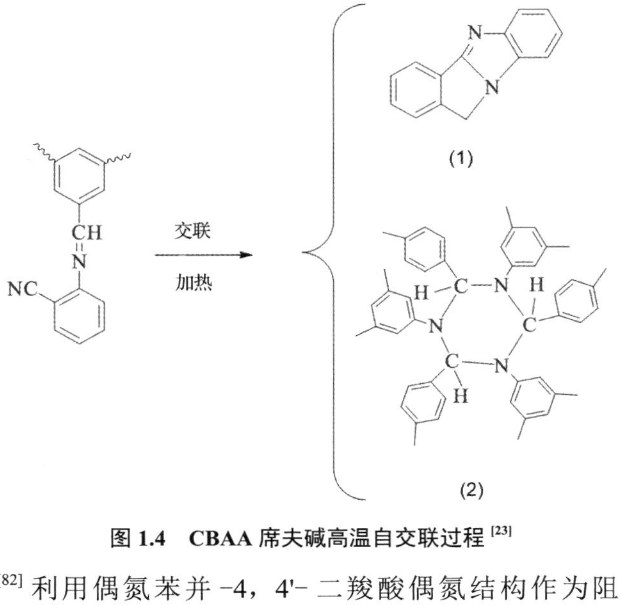

图 1.4 CBAA 席夫碱高温自交联过程[23]

Jing 等[82]利用偶氮苯并-4，4'-二羧酸偶氮结构作为阻燃单体改性 PET。实验结果表明，当单体用量为 15%（以 PTA 用量计的摩尔分数）时，改性 PET 的 LOI 为 29%，但改性 PET 不能通过 UL94 测试的 V-0 级，说明 ADA 在改善 PET 的抗熔滴性能方面效果有限。研究中推测了两种可能的化学交联反应形式，如图 1.5 所示。这种环形稳定结构通过促进聚酯燃烧过程中残炭的生成来实现阻燃，通过增加聚酯在高温下的熔融黏度来实现抗液滴改性，属于凝聚相阻燃机理。此外，阻燃单体还降低了 PET 的峰值热释放速率（PHRR）、总热释放速率（THR）和总发烟量（TSP），反映了阻燃单体对 PET 具有良好的阻燃、抗熔滴和抑烟改性效果。

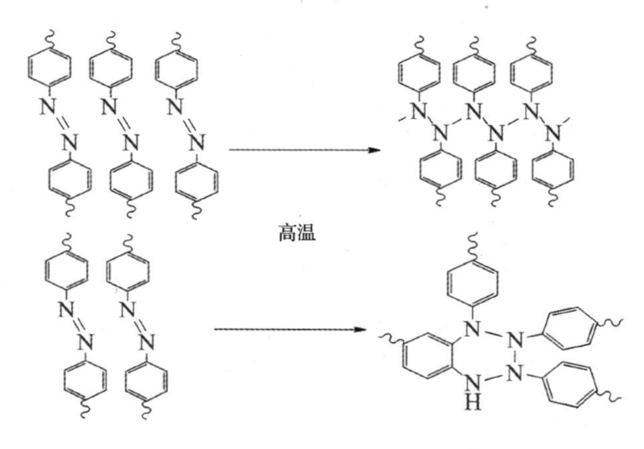

图 1.5　偶氮高温自交联过程 [82]

高温交联阻燃改性方法思路新颖，改性后的 PET 具有良好的阻燃性能、抗熔滴性能，同时具有一定的抑烟性能。高温交联阻燃单体一般为含有双键和三键结构的化合物，这些结构在高温下打开并发生成环化合反应。这一改性方法本质是化学反应过程，阻燃单体功能结构的反应活性影响改性 PET 交联程度，交联程度直接影响 PET 的阻燃性和抗熔滴性能。因此，选择具有合适反应活性的结构的阻燃单体是决定 PET 聚酯的阻燃和抗熔滴性能的关键。

1.4.2.4　高温重排共聚阻燃 PET

高温重排阻燃改性方法的形式是在单体部分结构的基团或者原子在高温下相互成键，形成稳定的芳环化合物，这种环形化合物结构促进了 PET 燃烧过程中表面形成致密炭层，高密度的炭层减缓或者隔离了热量的传热和氧气输送，从而终止了 PET 燃烧 [62]，同时有效地提高了 PET 的高温下熔体的黏度，进而提高了其抗熔滴性能，单体在 PET 中体现凝聚相阻燃。

Wu 等[63] 利用单体 *N*，*N′*－双（2-羟乙基）－联苯-3，4，3′，4′－四羧酸二亚胺（BPDI）改性阻燃 PET。实验结果表明，添加 BPDI 15%（摩尔分数，以 DMT 的物质的量为基准）时，阻燃 PET 的 LOI 为 29%，其 UL94 等级测试结果达到 V-2 级，单体 BPDI 呈现有限的对 PET 的阻燃改性。阻燃 PET 的 PHRR、THR 以及 TSP 呈现下降趋势，表明 BPDI 能改善 PET 的阻燃性和抑烟性能。其阻燃机理主要是，在高温下，BPDI 单体中的联苯结构与酰亚胺环发生高温重排反应，生成可以促进表面致密炭层形共轭芳香族环化物，属于凝聚相阻燃。

Guo 等[62] 利用 2，2-［4，4-（1，4-亚苯基双氧基）］双（4，1-亚苯基）双（氧基）二乙醇（PBPBD）改性 PET 的阻燃抗熔滴性能。结果表明，PBPBD 改性 PET 的热分解活化能提高，聚酯的热稳定性提升。利用 Py-GC/MS 分析其重排过程化学成分的变化，过程如图 1.6 所示，主要是 PBPBD 单体中的芳基乙烯结构重排反应成促进了稳定炭层以及提高高温下熔体黏度的共轭杂芳环，属于凝聚相阻燃。测试分析结果表明，PBPBD 添加量 10%（以 DMT 的物质的量为计算对比的摩尔分数）时，阻燃 PET 的 LOI 达 28.4%，UL94 测试未达到 V-0 级，表明单体 PBPBD 改性 PET 抗熔滴效果有限。阻燃 PET 的 PHRR、THR 以及 TSP 呈下降趋势，阻燃抑烟效果明显。阻燃 PET 结晶程度降低，熔点下降，表明单体 PBPBD 破坏了 PET 分子链规整性，导致其性能改变。

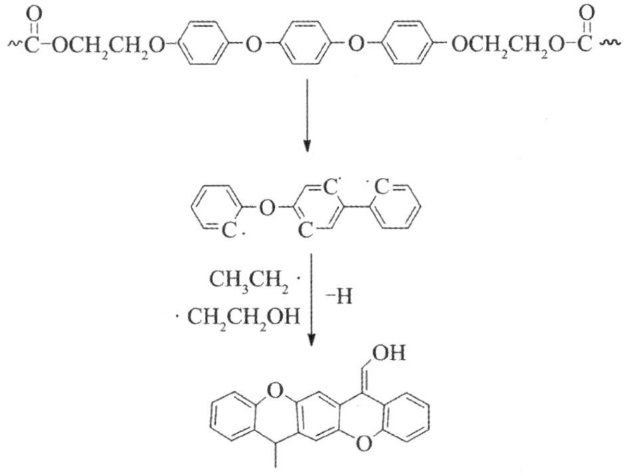

高温重排阻燃改性方法思路新颖，其改性的 PET 具有良好的阻燃和抑烟效果，但其抗熔滴效果较差。这可能与单体在高温重排后所生成的交联环状化合物的交联程度有关。高温重排过程是单体分子结构内部的一

图 1.6　PBPBD 高温自交联过程[62]

个化学反应过程，其受制于重排化学键的活性大小。设计合成具有特定活性的化学结构的高温重排单体是保证阻燃改性 PET 具有优异阻燃性和抗熔滴性能的关键。

1.4.2.5　高温端基捕获链扩展阻燃 PET

高温端基捕获链扩展是指PET在燃烧过程中裂解成不同的分子小片段，这些小片段分子通过化学成键的方式形成稳定环状结构，这种效应不断累积后，化合物环链得以延伸成大的环状稳定结构，这种结构促进 PET 燃烧表面的炭层致密化，同时高度环化的结构提高了 PET 在燃烧过程中的高温熔体黏度，从而改善阻燃性能和抗熔滴性能，归结为凝聚相阻 [87]。

Liu[87] 等利用单体 *N*-（2- 羟基 -5- 羧基苯基）-4- 羧基邻苯二甲酰亚胺（3-HPI），其使用 DMT 和 EG 酯交换进行制备高性能阻燃抗熔滴聚酯 PET。锥形量热测试表明，单体 3-HPI 具有阻燃和抑烟作用，降低了 PET 的 PHRR、THR 以及 TSR。测试结果表明，添加 3-HPI 20%，阻燃 PET 的 LOI 达到 33%，UL94 等级测试结果为 V-0 级，并且无熔滴发生。3-HPI 改性 PET 的阻燃抗熔滴机理是在燃烧过程中，3-HPI 阻燃单体分解成分子片段捕获其他自由基生成苯并噁唑环结构，促进 PET 燃烧过程中的成炭，实现阻燃，属于凝聚相阻燃，其捕获反应过程如图 1.7 所示。并且环状化合物使得 PET 在高温熔化下的黏度提高，提高抗熔滴性能。同时，利用 3-HPI 改性 PBS 阻燃性能，PBS 阻燃性能良好。

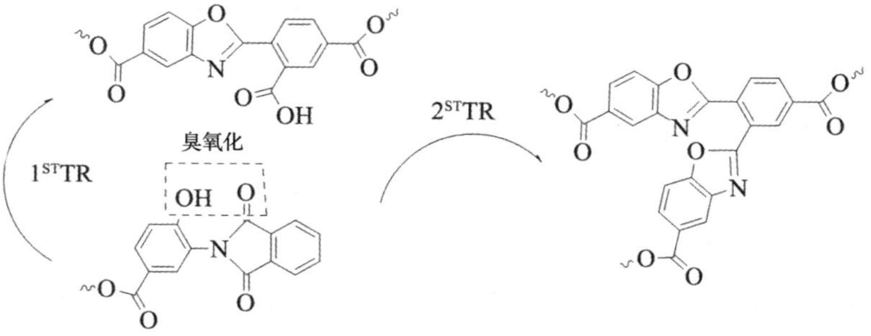

图 1.7　3-HPI 高温端基捕获链扩展过程 [87]

高温端基捕获链扩展思路新颖，它发生在阻燃改性 PET 的燃烧过程中，不同的化学基团通过持续不断的化学反应生成高度环化的化合物。经过此类单体改性的 PET 具有良好的阻燃、抗熔滴和抑烟性能。此类阻燃单体在高温下必须含有能够分解得到的参与化学反应的各类基团。通过选择合适的基团结构，设计合成相应类型的阻燃单体，可以达到提高 PET 的阻燃和抗熔滴改性效果。

综上所述，PET 共聚阻燃改性方法具有诸多的优点和良好的应用前景。虽然磷系阻燃剂具有良好的阻燃性能和安全性能，其实验研究和应用较为成熟，但抗熔滴性能较差的问题没有得到解决。因此同时实现 PET 的阻燃和抗熔滴是目前的研究重点。纳米材料等抗熔滴阻燃剂在一定程度上改善了 PET 的抗熔滴性能，但添加剂种类过多使 PET 的制备过程复杂化，PET 的优良性能受到损失。在新型的 PET 阻燃抗熔滴改性研究方法中，高温重排、高温交联、高温端基捕获链扩展以及高温离子聚集能有效提高 PET 的阻燃和抗熔滴性能，在已有的研究基础上，PET 阻燃抗熔滴改性研究和应用的主要发展方向是设计和合成高效的阻燃剂。比较而言，采用高温交联和高温端基捕获扩链改性方法可以实现 PET 的 UL94 等级为 V-0 级，且高温交联改性方法的共聚添加量更少，体现优异的抗熔滴性能。现阶段，高温离子聚集方法和高温重排尚无法通过 UL94 测试的 V-0 级，抗熔滴性能改性效果有限。高温交联改性 PET 的共聚阻燃单体添加量较小且综合性能优异，其中的席夫碱类阻燃单体更是表现突出，但由于席夫碱阻燃剂的高温交联反应活性高，使其交联反应在低温下进行，仍存在加工温度窗口小、可加工性差的问题。因此，需要对席夫碱阻燃单体进行改性，使其所制备的改性 PET 共聚酯具有高的交联反应温度，以进一步提高其加工性能，促进席夫碱阻燃改性 PET 的应用发展。

1.5 官能团电子效应主要作用机理及其应用

席夫碱高温自交联聚酯中，席夫碱发生的交联反应是化学反应，其反应的活性与席夫碱本身参与反应结构的电子状态相关。通过基团的电子效应调节其电子云密度成为调节席夫碱反应的活性进而提高其交联反应温度并提高其可加工性的一种可能的设想。

电子效应是指相对于氢元素更容易给电子或者吸电子的取代基，取代部分的分子结构后引起了分子中电子密度分布的改变，使分子的某些部分带有正电荷或者负电荷[88-90]。电子效应的传递方式有多种，比较常见的是诱导效应和共轭效应。诱导效应指的是在分子中不同原子或者基团的电负性不同，导致了原子之间的成键电子云沿着键的方向发生偏移。其诱导效应的大小与原子或基团距离被影响的原子的远近有关，越近则诱导效应越明显。诱导效应中的衡量标准为氢，如果原子或者基团的电负性比氢强，则具有吸电子诱导效应，如果比氢弱，则具有给电子诱导效应。共轭效应一般出现在单双键交替出现的体系中，即共轭体系中。在这样的体系中，原子的相互作用影响使得体系中的 π 电子和 p 电子发生变化，能够降低共轭体系电子云密度的取代基发生的作用称为吸电子的共轭效应，能够提高共轭体系电子云密度的取代基发生的作用称为给电子的共轭效应。共轭效应可以贯穿整个共轭体系，与基团或者原子与被影响的原子的距离无关[25,91-93]。电子效应通过影响原子电荷的大小来调控亲核加成、亲电加成等反应活性、反应速率等过程[94-97]。

席夫碱的交联反应推导为一种环加成反应，在这样的反应中，低—C ═ N—结构的电子云密度可能降低—C ═ N—结构的反应活性，进而提高其交联温度和可加工窗口。降低—C ═ N—结构的电子云密度需要在席夫碱单体中引入吸电子基团。根据有机化中吸电子基团的吸电子性排序，—NO_2 具有最强的吸电子性，可以作为研究中取代基改性席夫碱阻燃单体，再利用其去改性 PET 的阻燃抗熔滴性能[93,98]。M.Bhooshan 等[99]在芳香族化合物硝化动力学和机理的研究中详细研究了用不同取代苯酚硝化苯酚的动力学，发现—NO_2 取代苯酚对降低苯酚硝化反应速率的还原效果最好。M.Gopalakrishnan 等[100]以不同官能团取代的芳硼酸为原料，研究了八元中心对称环硼硅氧烷的 2+2 环缩合反应，发现硝基取代的原料得到了目标产物的最低产率，其反应过程如图 1.8 所示，取代基的种类见表 1.1。取代基具有位置效应，根据电子效应中的诱导效应的描述，位置越近诱导效应会更强，不同位置效应—C ═ N—的电子云密度不同，反应活性不同，导致对席夫碱阻燃改性 PET 聚酯的交联温度的影响不同。因此，—NO_2 作为取代基对席夫碱阻燃单体进行改性，其电子效应可能钝化席夫碱的高温化学交联反应活性，进一步提高其交联反应温度，从而得到具有更好的可加工性能的席夫碱阻燃改性 PET 共聚酯，可能的作用过程如图 1.9 所示。

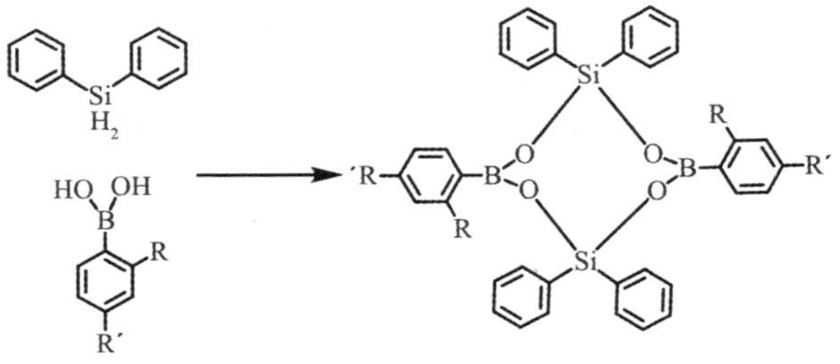

图 1.8　不同取代基对环硼硅氧烷合成反应产物收率的影响[100]

表 1.1　环硼硅氧烷合成反应中使用的不同取代基类别

化合物	R	R'
1	H	F
2	H	CF_3
3	H	CN
4	H	NO_2

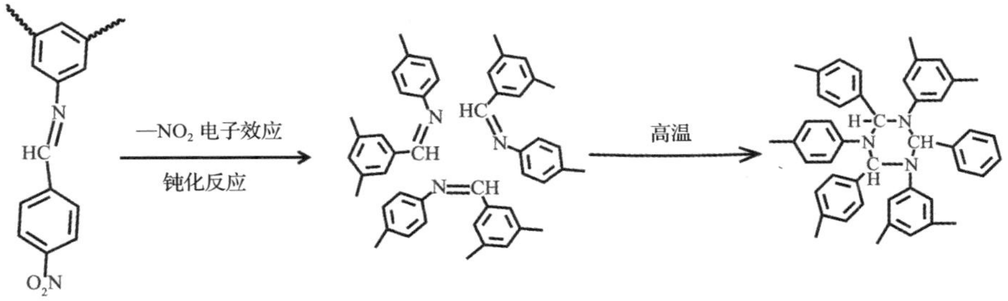

图 1.9　硝基取代基对席夫碱高温交联反应作用过程

1.6　研究内容

聚对苯二甲酸乙二醇酯具有优异的机械性能、尺寸稳定性、耐热性能和规模化低成本等优点，在服用、家纺、装饰用以及产业用等领域应用广泛。但其易燃和熔滴性能限制了其应用推广，阻燃改性是解决聚酯阻燃性的重要方法，随着对阻燃剂、阻燃方法的深入研究，各种阻燃剂及相关的阻燃改性方法发展迅速。磷系共聚阻燃是目前应用最广的高分子阻燃改性方法，其阻燃效率高，但也存在进一步加剧 PET 熔滴现象的问题，为了实现 PET 阻燃和抗熔滴性能的改善，采用席夫碱类阻燃单体改善 PET 的阻燃抗熔滴性能成为近年研究热点。但是，由于席夫碱高温自交联阻燃单体的化学交联反应活性较高，致使席夫碱改性阻燃抗熔滴聚酯的高温交联温度低，可加工窗口窄，可加工性不强。同时，考虑到缩短聚合时间等因素考虑，优化制备方法也一直是 PET 共聚改性的研究方向。

针对席夫碱阻燃改性 PET 交联活性高、交联温度低、可加工性差的主要缺陷，根据席夫碱交联反应过程的机理，采用硝基的电子效应改性席夫碱阻燃单体，因为硝基具有位置效应，所以合成邻、间、对位硝基取代的席夫碱阻燃单体（图 1.10），利用其以共聚改性方法制备硝基取代席夫碱阻燃改性阻燃 PET。利用硝基的吸电子效应提高席夫碱阻燃改性 PET 的交联温度，扩宽其可加工窗口。利用席夫碱阻燃单体二酸的酸结构优化制备工艺，缩短制备时间，进一步推动席夫碱阻燃单体以共聚形式改性 PET 阻燃抗熔滴性能领域的发展。

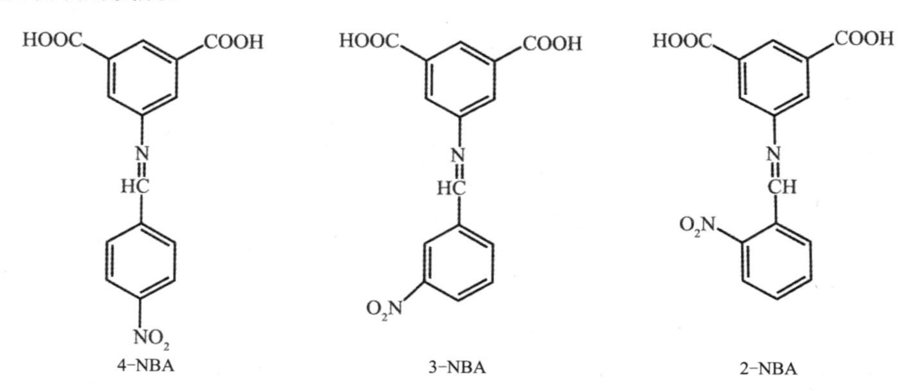

图 1.10　邻、间、对位硝基取代席夫碱阻燃单体

主要研究内容包括阻燃单体的合成和表征、阻燃 PET 的合成、聚酯的熔点、玻璃化温度、热稳定性、高温交联温度、阻燃及抗熔滴性能、阻燃机理、抗熔滴机理及聚合反应活性等，具体内容如下。

（1）邻、间以及对位硝基取代席夫碱阻燃单体（2-NBA、3-NBA 以及 4-NBA）的制备，探索硝基位置对硝基取代席夫碱阻燃单体的收率的影响。

（2）对位硝基取代席夫碱二酸阻燃改性 PET（4-NBA$_n$PETs）的合成与性能研究。研究探讨单体对 PET 的热稳定性、熔点、玻璃化转变温度、高温交联温度、阻燃性及抗熔滴性能的影响。

（3）间位硝基取代席夫碱阻燃改性PET（3-NBA$_n$PETs）的合成与性能研究。研究探讨单体对PET的热稳定性、熔点、玻璃化转变温度、高温交联温度、阻燃性及抗熔滴性能的影响。

（4）探索邻位硝基取代席夫碱阻燃改性PET（2-NBA$_n$PETs）的合成。

（5）探讨分析硝基取代对席夫碱二酸阻燃改性PET高温交联反应温度的影响。

（6）探讨硝基取代对席夫碱阻燃单体以共聚的方式制备改性PET反应活性的影响。

第 2 章　硝基取代席夫碱阻燃单体的合成与表征

2.1　引言

Hugo Schiff 在 1864 年首次描述通过醛和胺的缩合反应形成 Schiff base（席夫碱）距今已 150 余年，其反应机理如下：由含羰基的醛、酮类化合物与一级胺类化合物进行亲核加成反应，亲核试剂为胺类化合物，其化合物结构中带有孤电子对的氮原子进攻羰基基团上带有正电荷的碳原子，完成亲核加成反应，形成中间物 α- 羟基胺类化合物，然后进一步脱水形成席夫碱。近年来，其研究受到了广泛关注。大部分席夫碱分子具有抗癌、抗菌、抗炎和抗毒等药理功能，广泛应用于药物化学，并且由于其具有独特性质在催化领域以及阻燃也有独特的功能和作用 [23,101-112]。本研究需要将硝基基团引入席夫碱中，所采用方法是选择—NO_2 取代的苯甲醛与对应的席夫碱二酸合成目标产物邻、间、对位硝基取代席夫碱阻燃单体。共聚阻燃改性 PET 的合成中，阻燃功能单体是制备高性能阻燃 PET 的关键。文献调研发现，邻位硝基取代的席夫碱单体（2-NBA）以及对位单体（4-NBA）的合成方法在文献中无相关报道，其各项应用有待进一步的研究开发，其在阻燃领域的应用具有可探索性。间位硝基取代单体（3-NBA）已有相关文献报道其性质 [113]，但在其公布的研究成果中无具体的合成路线。在本研究中，硝基取代席夫碱阻燃单体与 BHET 低聚物是合成阻燃改性 PET 的原料，因此对绪论中所设定的三种硝基不同位置的阻燃单体进行了合成与表征。然后利用对苯二甲酸与乙二醇合成二聚或者多聚的低聚物对苯二甲酸双羟乙酯（BHET）并对其结构进行表征。为接下来由 BHET 的低聚物与硝基取代席夫碱阻燃单体缩聚制备阻燃 PET 提供原料。

2.2 实验

2.2.1 实验试剂（表 2.1）

表 2.1　主要实验试剂

<table>
<tr><th>试剂名称</th><th>化学式</th><th>规格</th><th>生产厂家</th></tr>
<tr><td>对苯二甲酸</td><td>$C_8H_6O_4$</td><td rowspan="8">分析纯</td><td>广东光华科技股份有限公司</td></tr>
<tr><td>乙二醇</td><td>$(CH_2OH)_2$</td><td>广东光华科技股份有限公司</td></tr>
<tr><td>5- 氨基间苯二甲酸</td><td>$C_8H_7NO_4$</td><td>上海麦克林生化科技有限公司</td></tr>
<tr><td>对硝基苯甲醛</td><td>$C_7H_5NO_3$</td><td>上海麦克林生化科技有限公司</td></tr>
<tr><td>间硝基苯甲醛</td><td>$C_7H_5NO_3$</td><td>上海麦克林生化科技有限公司</td></tr>
<tr><td>邻硝基苯甲醛</td><td>$C_7H_5NO_3$</td><td>上海麦克林生化科技有限公司</td></tr>
<tr><td>乙醇</td><td>C_2H_6O</td><td>广东光华科技股份有限公司</td></tr>
<tr><td>冰醋酸</td><td>$C_2H_4O_2$</td><td>上海阿拉丁生化科技股份有限公司</td></tr>
</table>

2.2.2 实验仪器（表 2.2）

表 2.2　主要实验仪器

仪器名称	型号	生产厂家
电子精密天平	Max=100 g/0.1 g	上海民桥精密科学仪器有限公司
数字显示鼓风干燥箱	GZX-9030ME	上海博讯实业有限公司医疗设备厂
恒温水浴锅	DZKW 型	北京光明医疗器械厂

续表

仪器名称	型号	生产厂家
真空干燥箱	DZF-6020	上海鸿都电子科技有限公司
循环水式真空泵	SHZ-D	深圳市予华仪器有限公司

2.2.3 实验方法

2.2.3.1 硝基取代席夫碱阻燃单体的合成

三种硝基取代席夫碱阻燃单体具体合成过程是在 85 ℃条件下，在三颈圆底烧瓶中，将 5- 氨基间苯二甲酸（7.25 g）在乙醇（340 mL）中完全溶解，然后在三个合成反应中，往混合溶液中加入 7.24 g 的硝基不同位置取代的苯甲醛（4- 氨基苯甲醛、3- 氨基苯甲醛、2- 氨基苯甲醛），并在相应的反应中加入冰醋酸（6 mL）作为催化剂，在搅拌和氮气保护下开始反应 6 h，其合成路线如图 2.1 所示。反应开始几分钟后，淡黄色沉淀开始出现，连续反应 6 h，反应后的混合物经过真空过滤和乙醇多次洗涤后，在 85 ℃真空干燥 8 h 最终分别得到三种阻燃单体：对硝基取代席夫碱阻燃单体 4-NBA，5-［（4- 硝基亚苄基）氨基间苯二甲酸］，收率 57%；间硝基取代席夫碱阻燃单体 3-NBA，5-［（3- 硝基亚苄基）氨基间苯二甲酸］，收率 78%；邻硝基席夫碱阻燃单体 2-NBA，5-［（2- 硝基亚苄基）氨基间苯二甲酸］，收率 82%。

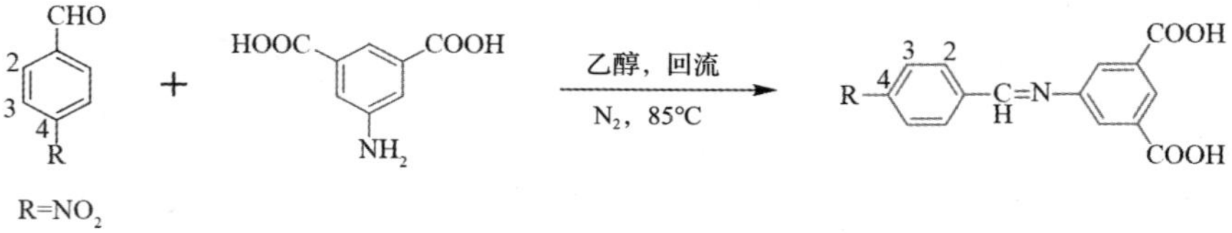

图 2.1　硝基取代席夫碱阻燃单体合成路线

2.2.3.2 对苯二甲酸双羟基乙二醇酯的合成

在 5L 高压釜中，加入 PTA 和 EG，物质的量比为 PTA：EG=1：1.3，在酯化温度 245 ℃，最高压力 4 atm（4.05 kPa）的条件下，酯化 2 h 制备得到对苯二甲酸双羟基乙二醇酯（BHET）预聚体特性黏度 0.086 dL/g，其合成路线如图 2.2 所示。

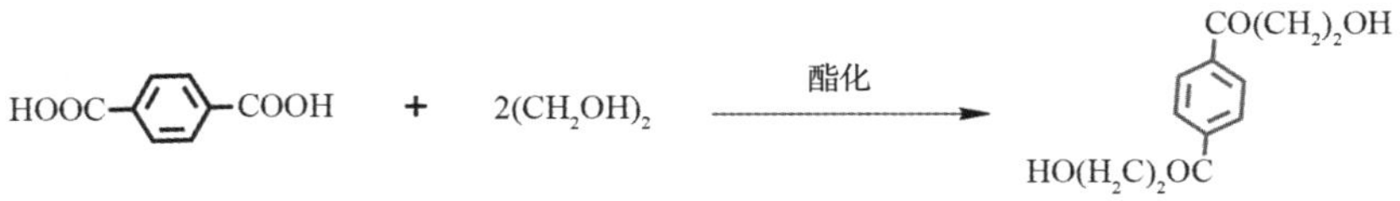

$$HOOC-C_6H_4-COOH + 2(CH_2OH)_2 \xrightarrow{\text{酯化}} HO(H_2C)_2OC-C_6H_4-CO(CH_2)_2OH$$

图 2.2　BHET 合成路线

2.2.4　结构与性能表征

2.2.4.1　核磁氢谱（^{1}H NMR）

硝基取代席夫碱阻燃单体核磁氢谱采用的仪器型号为 Bruker AV II（300 MHZ），测试中以 DMSO 作为溶剂，以四甲基硅烷（TMS）作为参考。

2.2.4.2　傅里叶红外光谱

所采用的红外光谱仪型号为 Nicolet iS5，测试波长为 500 ～ 4000 cm^{-1}。

2.2.4.3　特性黏度

BHET 特性黏度（IV）参照 GB/T 14190—2008 纤维聚酯切片分析方法进行测试，乌氏黏度计结构如图 2.3 所示。

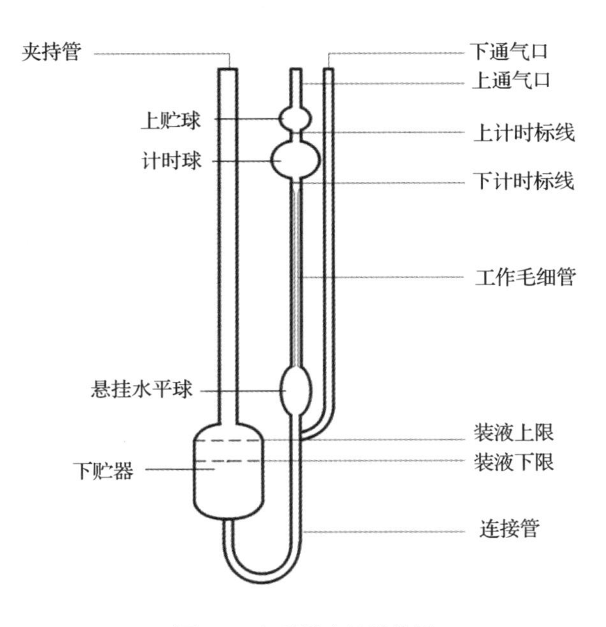

图 2.3　乌氏黏度计结构图

具体测定步骤如下：

（1）溶剂的配制。苯酚和 1，1，2，2- 四氯乙烷以质量比 50∶50，在（25±0.02）℃下充分混匀。

（2）溶液的制备。将 0.12 ～ 0.13 g PTT 产品加入 25 mL 上述溶剂中，盖上瓶塞于 90 ～ 100℃下加热使试样全部溶解，取出冷却至室温待测。试样在溶液中的浓度按式（2.1）计算，单位为克每百毫升（g/100 mL）。

$$c = m \times \frac{100}{25} \tag{2.1}$$

（3）实验步骤。将溶液过滤后加入乌氏黏度计中，并置于温度为（25±0.02）℃的恒温水浴锅内，确保黏度管垂直，且上标线低于水浴表面至少 30 mm。恒温 15 min 后，测其流经时间，重复测量 3 次，其平均值为溶液流经时间；用同一支乌氏黏度计按同样的方法测量溶剂的平均流经时间。

（4）计算。分别按式（2.2）～式（2.4）计算相对黏度、增比黏度和特性黏度。

$$\text{相对黏度：}\ \eta_r = \frac{t_1}{t_0} \tag{2.2}$$

$$\text{增比黏度：}\ [\eta] = \frac{\sqrt{1+1.4\eta_{sp}}-1}{0.7c} \tag{2.3}$$

$$\text{特性黏度：}\ \eta_{sp} = \frac{t_1 - t_0}{t_0} = \eta_r - 1 \tag{2.4}$$

式中：η_r 为相对黏度；t_1 为溶液流经时间，s；t_0 为溶剂流经时间，s；η_{sp} 为增比黏度；$[\eta]$ 为特性黏度，dL/g。

2.3　结果与讨论

2.3.1　核磁氢谱分析

2.3.1.1　4-NBA 核磁氢谱

核磁氢谱结果如图 2.4 所示：^{1}H NMR（300 MHz，DMSO）：8.98（d，1H，—CH═N—）、8.37（b，3H，Ar—H）、8.26（c，2H，Ar—H）、8.07（f，2H，Ar—H）以及 13.33（a，2H，—COOH）。

结果表明所合成的物质为目标单体对位硝基取代席夫碱阻燃单体4-NBA。

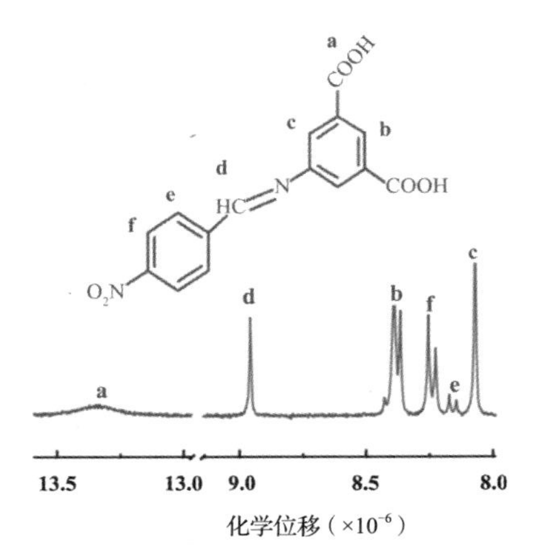

图 2.4　4-NBA 核磁共振谱图

2.3.1.2　3-NBA 核磁氢谱

核磁氢谱结果如图 2.5 所示：^{1}H NMR（300 MHz，DMSO）：8.98（a，1H，—CH═N—），8.80（c，1H，Ar—H），8.39 ~ 8.44（d，3H，Ar—H），8.07 ~ 8.08（b，2H，Ar—H），7.82 ~ 7.87（e，1H，Ar—H）以及 13.37（f，2H，—COOH）。

结果表明所合成的物质为目标单体间位硝基取代席夫碱阻燃单体 3-NBA。

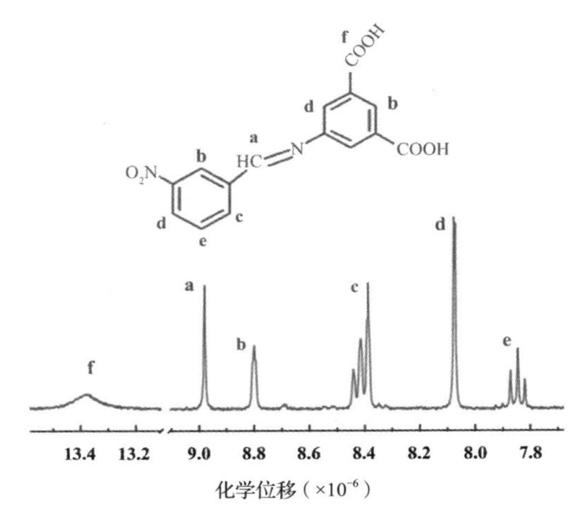

图 2.5　3-NBA 核磁共振谱图

2.3.1.3 2-NBA 核磁氢谱

核磁氢谱结果如图 2.6 所示：^{1}H NMR（300 MHz，DMSO）：8.39（a，1H，—CH ═ N—），8.20 ～ 8.22（b，1H，Ar—H），8.13 ～ 8.15（c，3H，Ar—H），8.01（d，1H，Ar—H），7.88 ～ 7.92（e，1H，Ar—H），7.78 ～ 7.83（f，1H，Ar—H）以及 13.46（g，2H，—COOH）。

结果表明所合成的物质为目标单体邻位硝基取代席夫碱阻燃单体 2-NBA。

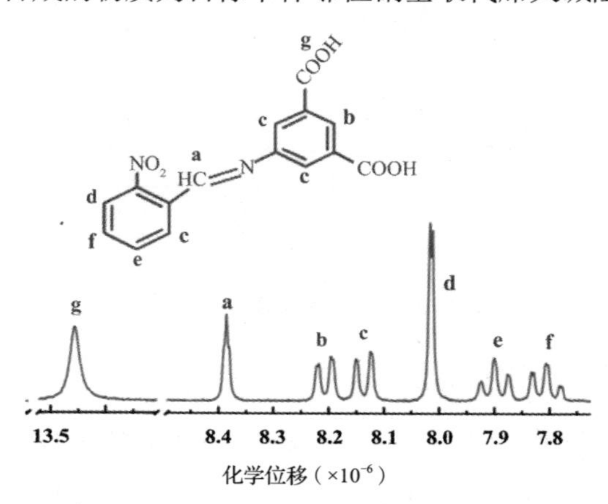

图 2.6 2-NBA 核磁共振谱图

2.3.1.4 BHET 核磁氢谱

核磁氢谱结果如图 2.7 所示：^{1}H NMR（300 MHz，DMSO）：11.64（a，H，—COOH），8.22 ～ 8.30（b，H，—苯环），4.80 ～ 4.94（c，H，—CH_2—CH_2—），4.73（d，H，—OH）。

结果表明所合成的物质为目标单体 BHET。

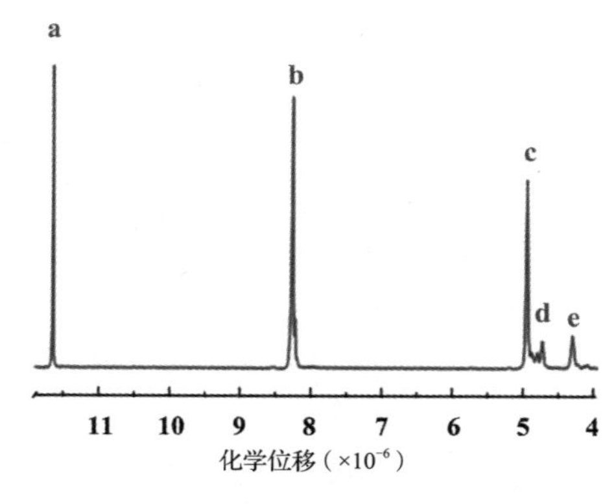

图 2.7 BHET 核磁共振谱图

2.3.2 傅里叶红外光谱分析

2.3.2.1 4-NBA 红外光谱

4-NBA 红外光谱如图 2.8 所示，686 cm^{-1}、842 cm^{-1} 以及 3077 cm^{-1} 为苯环的振动峰，912 cm^{-1} 为—C—O 的伸缩振动峰，950 cm^{-1} 为═C—H 的伸缩振动峰，1356 cm^{-1} 苯环上硝基的对称振动峰，1523 cm^{-1} 为苯环上硝基不对称振动峰，1632 cm^{-1} 为—C═N—的伸缩振动峰，1727 cm^{-1} 为—C═O 的伸缩振动峰，1220 cm^{-1} 为羧酸中—OH 的伸缩振动峰，3415 cm^{-1} 为羧酸中—OH 的伸缩振动峰，其中 1632 cm^{-1} 处的吸收峰属于—CH═N—基团，是 4-NBA 席夫碱阻燃单体的特征峰[114]。

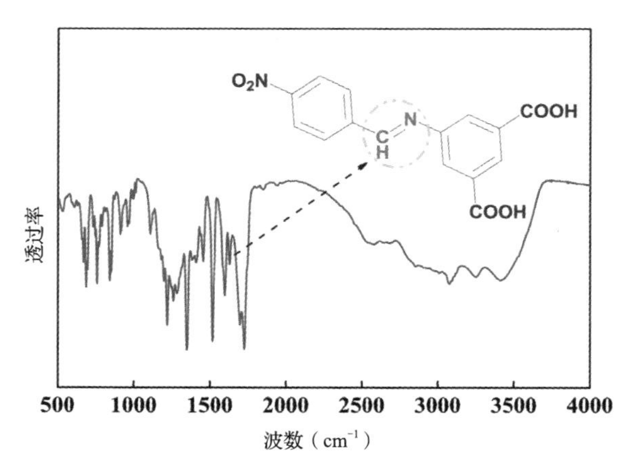

图 2.8 4-NBA 的红外光谱

2.3.2.2 3-NBA 红外光谱

3-NBA 红外光谱如图 2.9 所示，677 cm^{-1}、840 cm^{-1} 以及 3080 cm^{-1} 为苯环骨架的伸缩振动峰，910 cm^{-1} 为—C—O 的伸缩振动峰，970cm^{-1} 为═C—H 的伸缩振动峰，1339 cm^{-1} 为苯环上硝基的对称振动峰，为 1527 cm^{-1} 为苯环上硝基的不对称振动峰，1634 cm^{-1} 为—C═N—的伸缩振动峰，1705 cm^{-1} 为—C═O 的伸缩振动峰，1220 cm^{-1} 为羧酸中—OH 的伸缩振动峰，3415 cm^{-1} 为羧酸—OH 的伸缩振动峰，其中 1634 cm^{-1} 处的吸收峰属于—CH═N—基团，是 3-NBA 席夫碱阻燃单体的特征峰[114]。

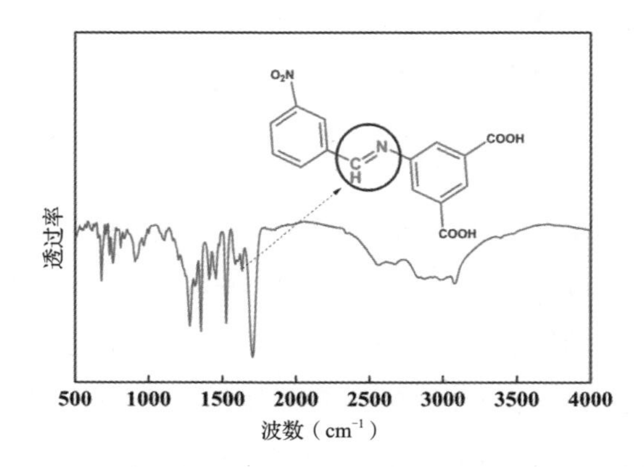

图 2.9　3-NBA 的红外光谱

2.3.2.3　2-NBA 红外光谱

2-NBA 红外光谱如图 2.10 所示，692 cm^{-1}、847 cm^{-1} 以及 3080 cm^{-1} 为苯环骨架的伸缩振动峰，914 cm^{-1} 为—C—O 的伸缩振动峰，969 cm^{-1} 为═C—H 的伸缩振动峰，1338 cm^{-1} 苯环上硝基的对称振动，为 1520 cm^{-1} 为苯环上硝基的不对称振动峰，1631 cm^{-1} 为—C═N—的伸缩振动峰，1705 cm^{-1} 为 —C═O 的伸缩振动峰，1275 cm^{-1} 为羧酸中—OH 的伸缩振动峰，3441 cm^{-1} 为羧酸—OH 的伸缩振动峰，其中 1631 cm^{-1} 处的吸收峰属于 —CH═N—基团，是 2-NBA 席夫碱阻燃单体的特征峰 [114]。

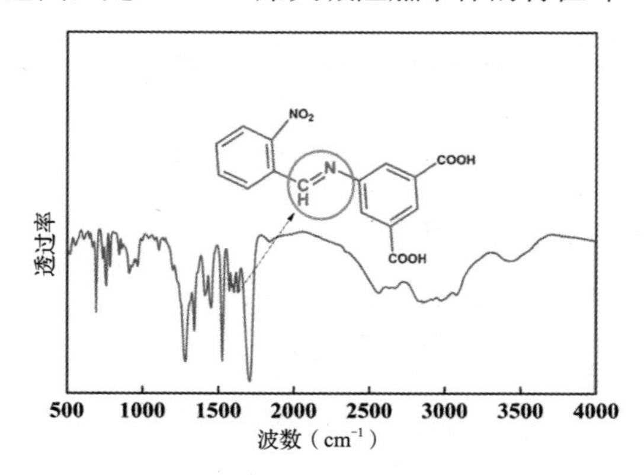

图 2.10　2-NBA 的红外光谱

2.3.2.4　BHET 红外光谱

BHET 红外光谱如图 2.11 所示，791 cm^{-1}、862 cm^{-1} 以及 3001 cm^{-1} 为苯环骨架的伸缩振动峰，724 cm^{-1} 为—CH_2—的振动峰，1256 cm^{-1} 为—C—O

的伸缩振动峰，1505 cm^{-1} 为═CH—的振动峰，1711 cm^{-1} 为—C═O 的伸缩振动峰，3400 cm^{-1} 为—OH 的振动峰[114]。

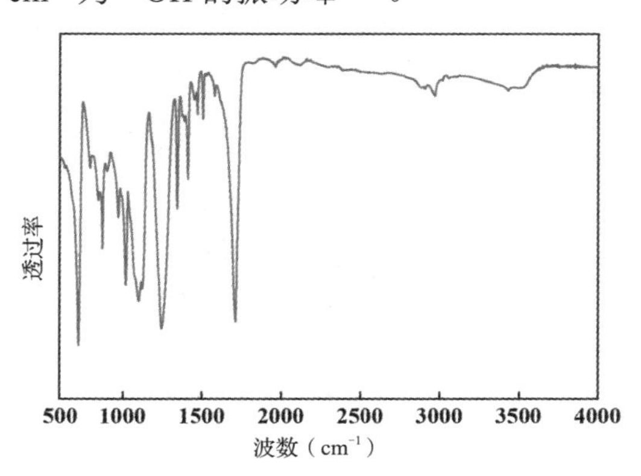

图 2.11　BHET 的红外光谱

2.3.3　硝基取代席夫碱阻燃单体合成反应规律

在硝基取代席夫碱二酸单体 4-NBA、3-NBA 以及 2-NBA 的合成中，随着硝基位置的变化，三种单体的收率呈现规律变化，收率大小为 2-NBA>3-NBA>4-NBA。这与硝基位置变化引起的原料反应活性有关。

席夫碱反应是亲核加成反应，其反应原理如图 2.12 所示，原料 5- 氨基间苯二甲酸中的亚胺基团（$—NH_2$）中氮的孤电子进攻对硝基苯甲醛、间硝基苯甲醛以及邻硝基苯甲醛中的醛基（—CHO）的羰基碳的正电荷完成席夫碱反应。

$$—\dot{N}H_2 \quad + \quad —\overset{+}{C}HO \quad == —N═\underset{H}{C}— \quad + \quad H_2O$$

图 2.12　席夫碱亲核加成反应过程

利用密度泛函理论［ORCA 软件；B3LYP 算法；6-311G（d）基组］分析对硝基苯甲醛、间硝基苯甲醛以及邻硝基苯甲醛中的醛基（—CHO）的羰基碳的密立根电荷分布（余下部分涉及电荷计算均采用此方法），对硝基苯甲醛、间硝基苯甲醛以及邻硝基苯甲醛计算模型分别如图 2.13 ～图 2.15 所示，计算结果统计于表 2.3、表 2.4 中。结果表明，醛基（—CHO）的羰基碳的正电荷分布随着硝基对间邻的位置依次升高，表明亚胺基团（$—NH_2$）中氮的孤电子进攻活性依次升高，对应产物的收率升高。

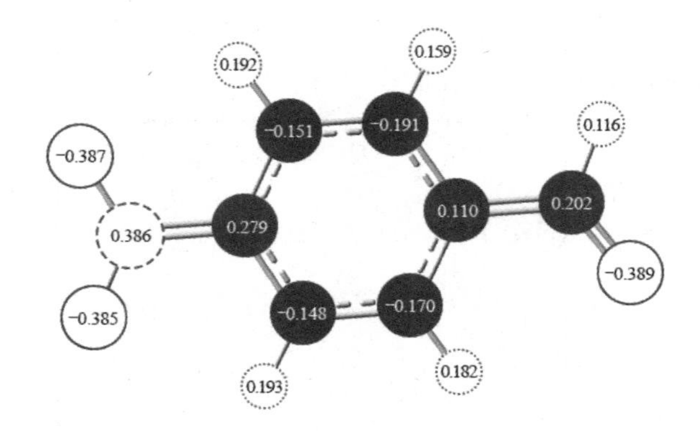

图 **2.13**　对硝基苯甲醛电荷计算模型

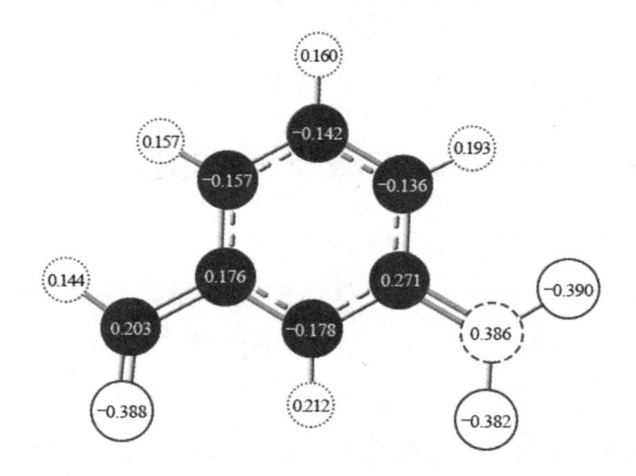

图 **2.14**　间硝基苯甲醛电荷计算模型

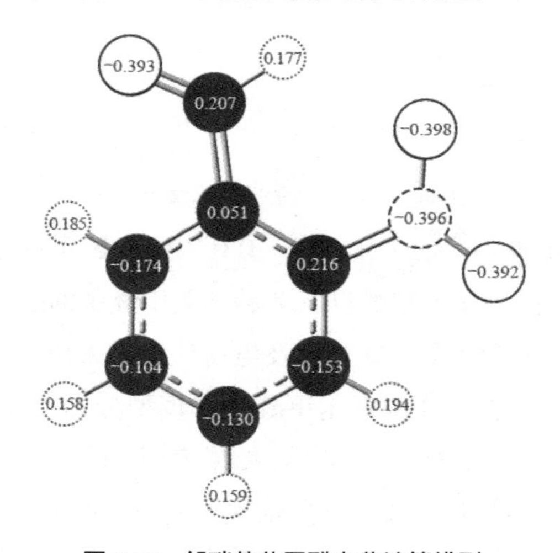

图 **2.15**　邻硝基苯甲醛电荷计算模型

表 2.3　不同位置硝基取代席夫碱阻燃单体收率

单体	4-NBA	3-NBA	2-NBA
收率（%）	57	78	82

表 2.4　不同位置硝基取代苯甲醛电荷计算结果

取代苯甲醛	对硝基苯甲醛	间硝基苯甲醛	邻硝基苯甲醛
羰基碳电荷	0.202	0.203	0.207

2.4　总结

本章合成了三种硝基不同位置（邻、间、对位）的席夫碱二酸阻燃单体（2-NBA、3-NBA 及 4-NBA）以及 BHET 低聚物预聚体。通过对产物的合成与表征，得到了以下主要实验结论。

（1）在三口瓶中以乙醇作为溶剂，在温度 85 ℃，N_2 保护气氛下，回流反应 6 h，反应液经过滤、洗涤以及干燥制备得到目标产物，通过核磁和红外光谱表征其结构为目标单体 4-NBA、3-NBA 及 2-NBA。4-NBA、3-NBA 及 2-NBA 的核磁峰大体一致，—NO_2 位置引起了 H 化学环境的变化带来细微的差别，它们的特征官能团—C ═ N—的红外峰均在 1630 cm^{-1} 左右。硝基对位、间位、邻位苯甲醛原料的反应活性依次升高，对应产物 4-NBA、3-NBA 及 2-NBA 的收率升高，分别为 57%、78% 以及 82%。

（2）在 5L 聚合反应釜中，对苯二甲酸与乙二醇添加比例 1∶1.3，在 4 atm（405 kPa）N_2 保护，温度 245 ℃条件下酯化反应 2 h，经过冷却干燥得到 BHET 预聚体产物，其特性黏度为 0.086 dL/g。

第3章 对位硝基取代席夫碱阻燃改性聚酯 4-NBA$_n$PETs 的合成与性能研究

3.1 引言

在第2章实验部分，合成了三种硝基取代的席夫碱阻燃单体以及低聚体 BHET 原料，本章开始按照设定的实验思路制备三种硝基取代席夫碱二酸阻燃改性 PET。硝基（—NO_2）的两个氧原子的电负性强，使得氮的电子向氧偏离，与苯环链接的氮元素表现对苯环强大的吸电子效应，其诱导效应是吸电子的，同时—NO_2 与苯环共轭，相对苯环的电负性，其共轭效应同样表现为吸电子效应。基于席夫碱在高温下反应活性高，使其制备的席夫碱阻燃改性 PET 的交联温度过低，有可加工窗口小、可加工性不强的问题，对位—NO_2 被用作取代基以通过电子效应降低席夫碱阻燃单体的高温交联反应活性而提高交联温度，进而提高席夫碱阻燃改性 PET 的可加工性。已有的研究中，部分单体的二酸结构具有加速 PET 聚合反应效果，预期对位硝基席夫碱阻燃单体 4-NBA 具有同样的效果，从而达到优化其制备工艺的目的。硝基到目标官能团（—C ═ N—）的距离大小不同，导致硝基的电子效应大小发生变化，这将影响去取代的席夫碱的单体的高温交联活性和聚合活性。本部分首先利用对位硝基取代席夫碱二酸单体（4-NBA）来改性 PET。考察单体 4-NBA 对 PET 的熔点、玻璃化温度、热稳定性、高温交联化学反应温度、阻燃性能以及抗熔滴性能的影响。

3.2　实验

3.2.1　实验试剂（表 3.1）

表 3.1　主要实验试剂

试剂名称	化学式	规格	生产厂家
三氧化二锑	Sb_2O_3	分析纯	广东光华科技股份有限公司
4-NBA	$C_{15}H_{10}N_2O_6$	—	自制
BHET	—	—	自制

3.2.2　实验仪器（表 3.2）

表 3.2　主要实验仪器

仪器名称	型号	生产厂家
恒温加热磁力搅拌器	DF-101S	巩义市予华仪器有限责任公司
数字显示搅拌器	DW-3	巩义市予华仪器有限责任公司
永磁直流电动机	ZD-90W	北京京伟电器有限公司
恒温磁力搅拌器	85-2	上海司乐仪器有限公司
真空泵	2XZ-4B	成都南光实业股份有限公司
电阻真空计	ZDII-LED	成都正华电子仪器有限公司

其他实验仪器见第 2 章 2.2.2。

3.2.3　实验方法

以对苯二甲酸双羟乙基酯（BHET）和 4-NBA 为原料，通过缩聚反应制备 4-NBA 阻燃改性 PET 共聚酯（4-NBA$_n$PETs，*n* 表示与 PTA 有关的摩尔百分比）。以 4-$NBA_{10}PET$ 为例说明反应过程，合成路线如图 3.1 所示。在三口圆底烧瓶中，BHET（BHET：PTA=1：1，摩尔比），4-NBA（4-NBA：PTA=1：10）和 Sb_2O_3（Sb_2O_3：PTA=4.1×10^{-4}：1），在氮气保护下，在 240 ℃ 下反应 30 ～ 60 min，最终反应体系真空度低于 70 Pa，制备得到不同特性黏度的 4-$NBA_{10}PET$，其特性黏度如图 3.2 所示。结果表明，缩聚反应 50 min，4-$NBA_{10}PET$ 特性黏度为 0.90 dL/g，其聚合效果最佳，选取 50 min 作为阻燃改性 PET 缩聚最佳反应时间，并用相同的制备方法制备其他比例的 4-NBA_nPETs 共聚酯。

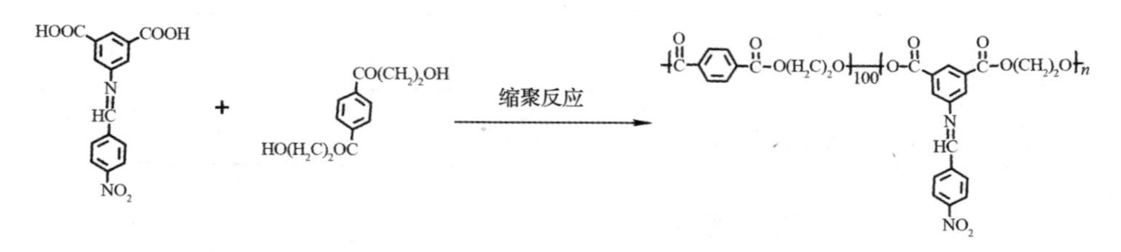

图 3.1　4-$NBA_{10}PET$ 合成路线

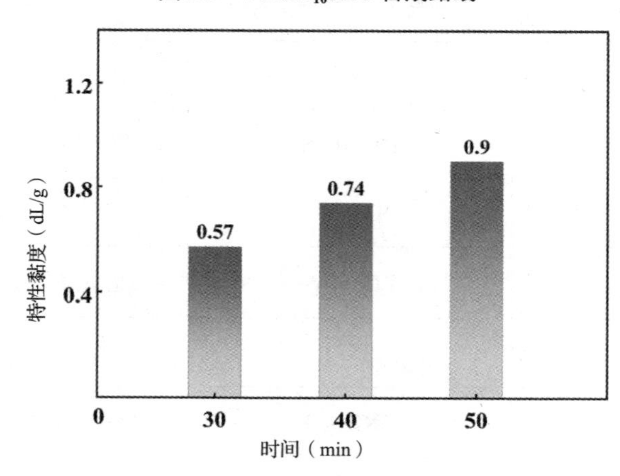

图 3.2　4-$NBA_{10}PET$ 特性黏度随时间的变化

3.2.4　结构与性能表征

3.2.4.1　差示扫描量热分析

本章中所使用的仪器型号为 DSC，TA-Q2000。将 PET、4-NBA_5PET、4-$NBA_{10}PET$ 和 4-$NBA_{15}PET$ 样品分别加热至 280 ℃、260 ℃、250 ℃和 230 ℃，

保持 3 min 后冷却至 40 ℃，然后重新加热至 280 ℃，升温速率 10 ℃/min，氮气流量 50 mL/min。

3.2.4.2　热重分析

本章中使用的仪器型号为耐驰 TGA（209F1），测试条件为在氮气和空气氛围下，测试温度范围为 40 ～ 700 ℃，升温速率为 10 ℃/min。

3.2.4.3　热重—差示扫描量热分析

本章中所采用的测试仪器型号为 SETARAM LABSYS EVO TGA/STA-EGA（TG-DSC），测试条件为 Ar 流量为 15 mL/min，温度范围为 40 ～ 550 ℃，升温速率为 10 ℃/min。

3.2.4.4　阻燃性能分析

本章中极限氧指数（LOI）测试采用的仪器型号为 JF-3 仪器，样品尺寸为 120 mm×6.5 mm×3.2 mm。UL94 垂直燃烧测试使用仪器型号为 GZF-5 仪器，样品尺寸为 120 mm×13 mm×3.2 mm，测试标准为 ASTMD 2863-97。

其他表征方法见第 2 章 2.2.4。

3.3　结果与讨论

3.3.1　4-NBA$_n$PETs 核磁氢谱

4-NBA$_n$PETs 聚酯产物采用核磁表征，所使用的溶剂为 $CF_3COOD-d_6$，结果如图 3.3 所示，^{1}HNMR（300 MHz）∶9.04（a，—N═CH—），8.75（b，Ar—H），8.62（c，Ar—H），8.53（d，Ar—H），8.21 ～ 8.24（e，Ar—H），8.07 ～ 8.09

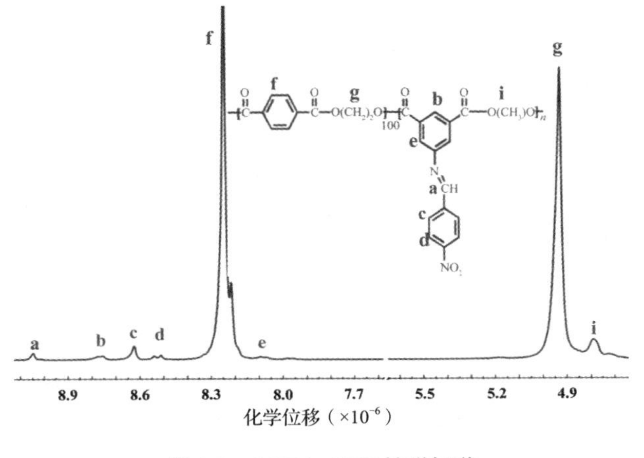

图 3.3　4-NBA$_{10}$PET 核磁氢谱

（f，Ar—H），4.93（g，$—CH_2—O—$），4.85（i，$—CH_2—O—$）。

结果表明，4-NBA 成功接入 PET 分子链中，在核磁图谱中体现 a、b、c、d 和 e 的核磁峰。

3.3.2 4-NBA$_n$PETs 共聚酯制备工艺

文献[22]报道，无硝基取代席夫碱非二酸阻燃改性 PET（BA$_n$PETs 的合成条件为缩聚温度 240 ℃，缩聚反应时间 120 min，催化剂用量（Sb_2O_3：PTA=4.1×10^{-4}：1，摩尔比），其所制备得到的 BA$_{10}$PET（单体添加量 10%，相对 PTA 的摩尔比）的共聚酯特性黏度为 0.78 dL/g[22]。为了探究 4-NBA 对 PET 缩聚的影响，保持与已有的文献中相同缩聚条件，选择缩聚时间作为变量对其进行研究。设置反应时间变量为 30 min、40 min、50 min，制备得到的改性 PET 共聚酯的黏度分别为 0.57 dL/g、0.74 dL/g 和 0.9 dL/g，当时间延长缩聚时间到 60 min，制备得到的 PET 共聚酯不能完全溶解在苯酚 / 1，1，2，2- 四氯乙烷特性黏度测试溶液中，原因主要是缩聚反应时间延长导致所制备得到的共聚酯的分子量增加，高的分子量导致溶剂对聚合物的溶解能力下降[115]。实验结果表明，缩聚时间 50 min 为 4-NBA$_n$PETs 聚酯合成的最优条件。与 PET 共聚酯 BA$_{10}$PET 缩聚反应时间为 120 min，特性黏度为 0.78 dL/g 比较，本研究中缩聚反应时间为 50 min，改性 PET 特性黏度为 0.9 dL/g，其反应时间仅占其 42%，表明 4-NBA 单体对改性 PET 的合成具有促进作用，可以缩短制备时间。

3.3.3 4-NBA$_n$PETs 熔融和结晶性能

PET 熔融和结晶性能是其最基本的性能参数，如熔点、结晶温度、熔融焓以及玻璃化温度等。4-NBA 单体聚合到 PET 分子链中改变了原有 PET 分子结构，使得 PET 的熔融和结晶性能发生改变。

利用 DSC 测试 4-NBA 对 PET 以上性能的影响。PET、4-NBA$_5$PET、4-NBA$_{10}$PET 和 4-NBA$_{15}$PET 的特性黏度分别为 0.87 dL/g、0.87 dL/g、0.90 dL/g 以及 0.93 dL/g，结果表明随 4-NBA 聚合量的增加，改性聚酯 4-NBA$_n$PETs 的特性黏度差别不大，4-NBA 聚合量的大小在制备工艺相同的条件下对 PET 共聚酯的特性黏度的影响有限。

DSC 升温熔化曲线如图 3.4 所示，详细数据结果统计于表 3.3 中。结果表明，PET 的玻璃化转变温度为 78 ℃，经过 4-NBA 改性后，4-NBA$_n$PETs 的玻璃化温度随着其添加量的增加而不断提高，PET、4-NBA$_5$PET，4-NBA$_{10}$PET 和 4-NBA$_{15}$PET 的玻璃化转变温度分别为 78 ℃、80 ℃、85 ℃和 88 ℃，这是由于 4-NBA 分子比对苯二甲酸（PTA）分子体积大，导致 4-NBA 接入 PET 分子链后，4-NBA$_n$PETs 不同分子链段的空间位阻增加，且其分子间作用力增强，这提高了 4-NBA$_n$PETs 分子链的刚性，使得 4-NBA$_n$PETs 玻璃化温度提高 [83]。

此外，PET 的熔点（T_m）降低，PET、4-NBA$_5$PET、4-NBA$_{10}$PET 和 4-NBA$_{15}$PET 的熔点分别为 242 ℃、221 ℃、209 ℃ 以及 198 ℃，这主要是因为 4-NBA 破坏了原始 PET 的规整分子链结构，使得分子链经受高温过程后其流动性增大。DSC 降温结晶曲线如图 3.5 所示，数据结果统计于表 3.3 中。结果分析表明，与 PET 相比，随着 4-NBA 添加量的增加，4-NBA$_n$PETs 的熔融峰（熔融焓，ΔH_m）和结晶峰（结晶焓，ΔH_c）逐渐降低，4-NBA$_{15}$PET 的熔融峰甚至消失，且其结晶温度（T_c）随 4-NBA 含量的增加而下降。这是由于 4-NBA 嵌入 PET 分子链而破坏链段的规整性，使得 4-NBA$_n$PETs 的结晶度降低 [68]。

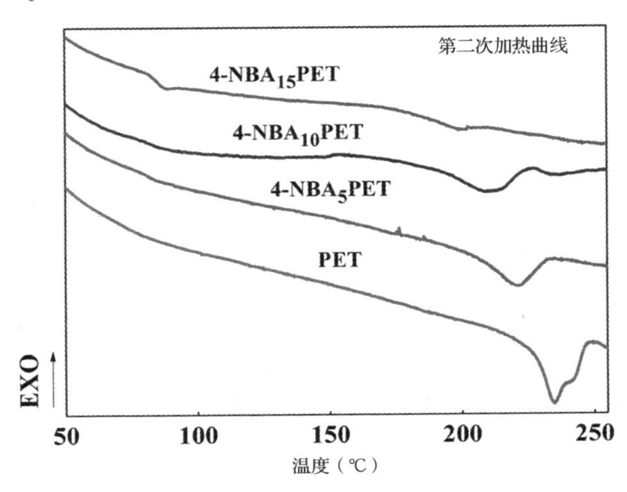

图 3.4　PET 和 4-NBA$_n$PETs 的 DSC 熔化曲线

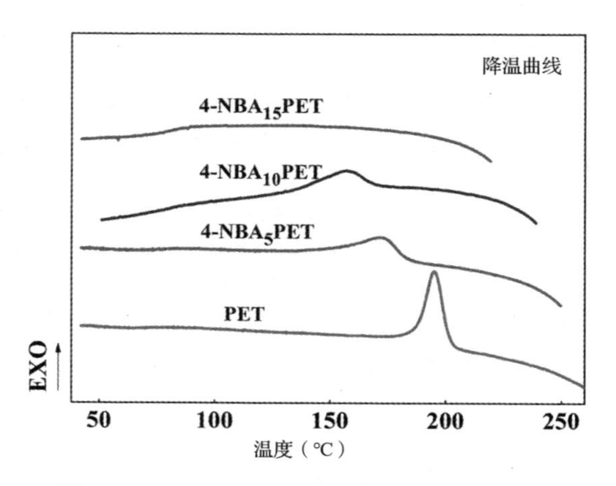

图 3.5　PET 和 4-NBA$_n$PETs 的 DSC 结晶曲线

表 3.3　PET 和 4-NBA$_n$PETs 的 DSC 测试结果

试剂名称	4-NBA 摩尔含量（%）		[η] (dL/g)	T_g（℃）	T_m（℃）	ΔH_m（℃）	T_c（℃）	ΔH_c（℃）
	理论值	实际值						
PET	0	0	0.87	78	242	30.6	195	43.3
4-NBA$_5$PET	4.8	3.6	0.87	80	221	23.6	174	22.4
4-NBA$_{10}$PET	9.1	7.9	0.90	85	209	23.0	156	20.7
4-NBA$_{15}$PET	13.0	11.8	0.93	88	198	—	—	—

3.3.4　4-NBA$_n$PETs 的热稳定性

PET 的热稳定性与其在燃烧过程中的分解速率等性能相关。本研究中利用 T_g 测试 PET 和 4-NBA$_n$PETs 改性聚酯的热稳定性[116]。PET 与 4-NBA$_n$PETs 在氮气氛围中热分解曲线（TGA）如图 3.6（a）所示，结果见表 3.4。结果分析表明，PET 和 4-NBA$_n$PETs 的 T_g 曲线均表现出相似的质量损失趋势。PET 的 $T_{5\%}$ 为 401 ℃（$T_{5\%}$ 定义为材料发生重量损失 5% 的温度），而 4-NBA$_5$PET、4-NBA$_{10}$PET 及 4-NBA$_{15}$PET 的分解温度略有降低，分别为 393 ℃、385 ℃ 和 381 ℃，这是 4-NBA 接入 PET 分子链后改变了原来分子链规整性所致。聚酯在温度 700 ℃ 加热条件下的残炭随着 4-NBA 聚合量的增加而增加，PET、4-NBA$_5$PET、4-NBA$_{10}$PET 和 4-NBA$_{15}$PET 分别为 13.7%、20.8%、22.3% 及 26.2%，4-NBA$_{15}$PET 残炭量为 PET 的 1.8 倍，这是由于 4-NBA$_n$PETs 在高温下发生化学交联反应促进了聚酯的成炭，从而提高了其残炭量。实验结果表明，比无硝基取代的席夫碱阻燃单体改性聚酯（BA$_n$PETs）的残炭含量 14.3%（BA$_5$PET）、17.0%（BA$_{10}$PET）以及 22.0%（BA$_{15}$PET）有所提高，这表明硝基基团提高了 4-NBA 的热稳定性，进而提高了其改性共聚酯 4-NBA$_n$PETs 的稳定性，这与已有的研究中关于硝基引入苯环后分子的稳定性提高的结论一致 [117-119]。聚酯在氮气氛围中热分解（DTG）曲线如图 3.6（b）所示，结果见表 3.4。（T_{max}）峰值表示对应温度下聚酯最大的失重速率，PET、4-NBA$_5$PET、4-NBA$_{10}$PET 以及 4-NBA$_{15}$PET 的 T_{max} 分别为 435 ℃、435 ℃、433 ℃ 以及 432 ℃，表现出微小的温度变化 [117-119]。

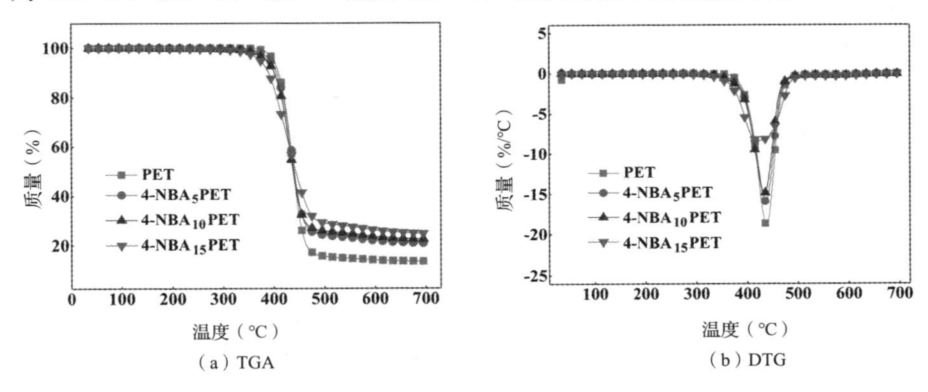

图 3.6　PET 和 4-NBA$_n$PETs 在氮气中的 TGA 和 DTG 曲线

PET 与 4-NBA$_n$PETs 聚酯在空气氛围中热分解曲线如图 3.7（a）所示，结果见表 3.4。在空气氛围中聚酯均显示出两个主要的热分解过程。PET 的 $T_{5\%}$ 为 385 ℃、4-NBA$_5$PET、4-NBA$_{10}$PET 和 4-NBA$_{15}$PET 的 $T_{5\%}$ 随着 4-NBA 的增加略有下降，分别为 392 ℃、380 ℃ 及 383 ℃。聚酯在空气氛围中热分解曲线的 DTG 曲线如图 3.7（b）所示，结果见表 3.4。PET 共聚酯 4-NBA$_n$PETs 的 T_{max1} 与 PET 接近，PET、4-NBA$_5$PET、4-NBA$_{10}$PET、4-NBA$_{15}$PET 分别为 435 ℃、436 ℃、432 ℃ 及 430 ℃。PET 的 T_{max2}（第二个失重过程中最大失重速率温度点）为 561 ℃，随着 4-NBA 聚合量的增加，4-NBA$_5$PET、4-NBA$_{10}$PET 和 4-NBA$_{15}$PET 的 T_{max2} 分别为 569 ℃、571 ℃ 及 582 ℃，这表明 4-NBA$_n$PET 共聚酯高温交联形成网状结构延缓改性聚酯

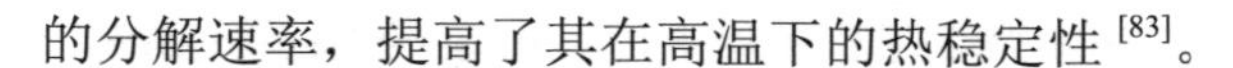

的分解速率，提高了其在高温下的热稳定性[83]。

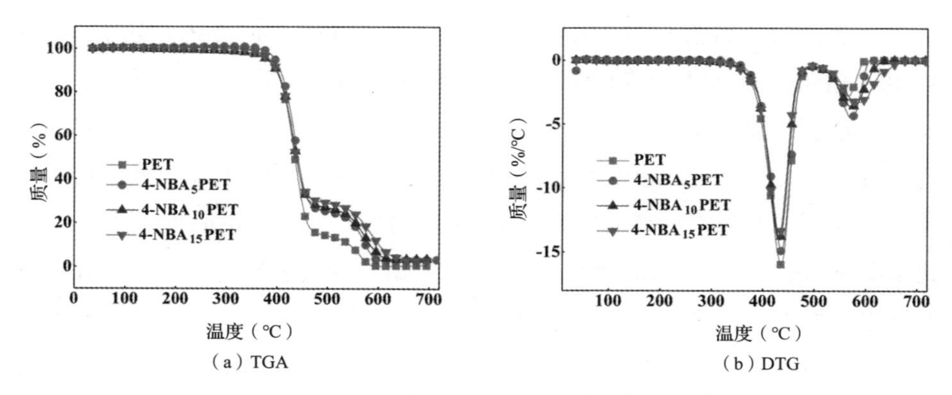

图 3.7　PET 和 4-NBA$_n$PETs 在空气中的 TGA 和 DTG 曲线

表 3.4　PET 和 4-NBA$_n$PETs 在氮气和空气中的 TGA 与 DTG 测试结果

试剂名称	氮气			空气			
	$T_{5\%}$	T_{max}	CR 质量分数（%）	$T_{5\%}$	T_{max1}	T_{max2}	CR 质量分数（%）
PET	401	435	13.7	385	435	561	0.6
4-NBA$_5$PET	393	435	20.8	392	436	569	3.1
4-NBA$_{10}$PET	385	433	22.3	380	432	571	3.5
4-NBA$_{15}$PET	381	432	26.2	383	430	582	3.0

注　1. $T_{5\%}$：减少 5% 的重量时的温度；

2. T_{max}：最大失重率下的温度；

3. CR：残炭。

3.3.5　4-NBA$_n$PETs 高温交联行为

硝基取代席夫碱阻燃单体（4-NBA）改性 PET 共聚酯在高温下发生高温交联反应生成环状化合物实现 PET 的阻燃抗熔滴功能。硝基被用来钝化席夫碱的高温交联反应，从而提高其改性聚酯的高温交联温度，进一步扩宽材料的可加工窗口。其所产生的影响可采用 TG-DSC 的分析方法对其高温下的交联温度进行测试[22]，席夫碱交联反应是放热过程，将在 DSC 曲线上体现出明显的放热峰。表征结果如图 3.8 所示，对比 PET 和 4-NBA$_n$PETs 的 TG-DSC 曲线，均主要出现了熔融和分解的放热峰，并且在熔融之前还均出现了一个小的热结晶峰。特别地，4-NBA$_{10}$PET 的 DSC 曲线在热分解的吸热峰之前出现了 347 ～ 372 ℃温度区间的放热峰，这是由于 4-NBA 在高温下发生了交联化学反应释放热量所致，其高温交联温度比没有—NO_2 取代的席夫碱阻燃改性 PET 共聚酯的高温交联温度范围（250 ～ 348 ℃）高 [22]，表明—NO_2 钝化了席夫碱阻燃单体的高温交联反应活性，提高了其改性共聚酯 4-NBA$_n$PETs 的高温交联温度，改善了其加工性能，有效地提高了材料的可使用性。

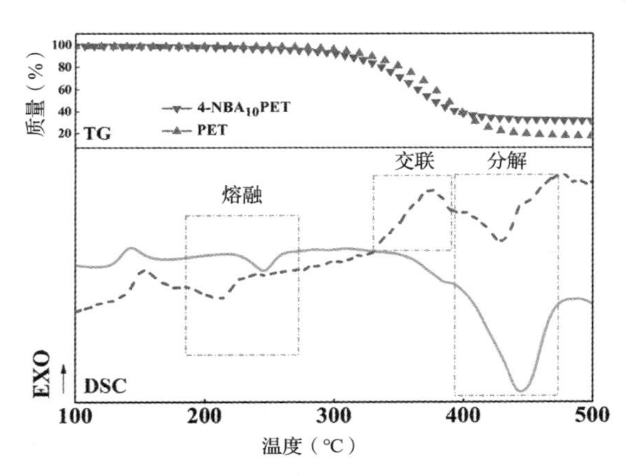

图 3.8　PET 和 4-NBA$_{10}$PET 的 TG-DSC 曲线

3.3.6　4-NBA$_n$PETs 阻燃抗熔滴性能

PET 具有低的极限氧指数和严重的熔滴现象，其经过 4-NBA 的改性后，阻燃性能和抗熔滴性能改善。采用极限氧指数（LOI）和水平垂直燃烧（UL94）测试方法对 4-NBA$_n$PETs 的阻燃性能进行测试，结果见表 3.5。PET 表现出严重的熔滴现象 [62-63,69,82]。4-NBA 添加量为 5%，4-NBA$_5$PET 的 UL94 只能达到 V-2 级。4-NBA$_{10}$PET 添加量增加到 10%，其 UL94 等级达到 V-0 级，表明 4-NBA 抑制了 4-NBA$_n$PETs 共聚酯燃烧过程中的熔滴现象。LOI 测试结果表明，PET 的 LOI 指数为 22%，4-NBA 聚合量的增加使得 4-NBA$_n$PETs 共聚酯的 LOI 指数增加，4-NBA$_5$PET、4-NBA$_{10}$PET 和 4-NBA$_{15}$PET 的 LOI 值分别为 30%、32% 及 33%，4-NBA 表现出良好的阻燃性能和效果。当 4–NBA 的添加量为 10% 时，阻燃改性 4–NBA$_{10}$PET 已经达到了最好的阻燃效果，其 UL94 为 V–0 级，UL94 和 LOI 燃烧测试的现象如图 3.9 所示，4–NBA$_{10}$PET 燃烧后的残炭部分成为一整块且不发生滴落，而 PET 的燃烧产物则发生明显的滴落现象。实验结果表明，4–NBA 对 PET 聚酯具有良好的阻燃抗熔滴改性效果。

表 3.5　PET 和 4-NBA$_n$PETs 燃烧测试结果

试剂名称	LOI（%）	UL94	
		等级	熔滴现象
PET	22	NR（未评级）	严重
4–NBA$_5$PET	30	V–2	一般
4–NBA$_{10}$PET	32	V–0	无
4–NBA$_{15}$PET	33	V–0	无

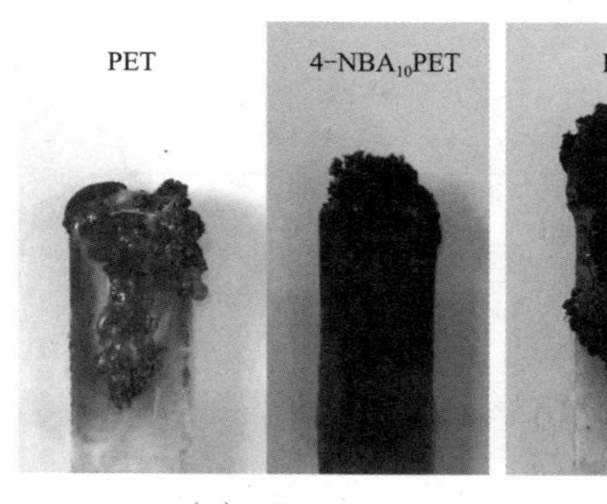

（a）UL94

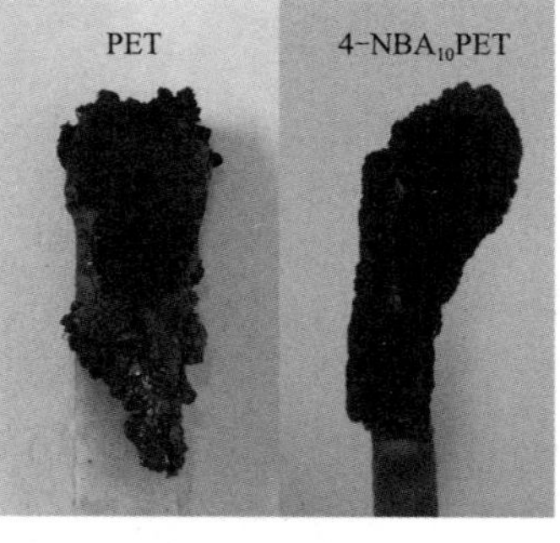

（b）LOI

图 3.9　UL94 和 LOI 样品燃烧测试

3.4　总结

本章主要利用对位硝基取代席夫碱阻燃单体 4–NBA 以共聚的方式制备阻燃抗熔滴改性 4–NBA$_n$PETs 共聚酯，主要研究了 4–NBA 对 4–NBA$_n$PETs 聚合反应活性的影响，4–NBA 对 4–NBA$_n$PETs 的熔融与结晶行为、热稳定性、高温交联温度、阻燃性能以及抗熔滴性能的影响，主要结论如下。

（1）4-NBA 二酸结构促进 PET 聚合反应过程，反应时间由 120 min 缩短至 50 min，所合成的 4-NBA$_{10}$PET 的特性黏度为 0.90 dL/g。

（2）4-NBA$_n$PETs 共聚制备条件为缩聚反应温度 240℃、催化剂 Sb_2O_3 用量（Sb_2O_3 : PTA=4.1×10^{-4} : 1，摩尔比），缩聚时间 50 min，所合成共聚酯 4-NBA$_5$PET、4-NBA$_{10}$PET 以及 4-NBA$_{15}$PET 的特性黏度分别为 0.87 dL/g、0.90 dL/g 及 0.93 dL/g。

（3）随着 4-NBA 在 PET 分子链中的含量的增加，共聚改性 PET 熔点降低，从 PET 的熔点（T_m）242 ℃，逐渐降低至 4-NBA$_5$PET 的 221 ℃、4-NBA$_{10}$PET 的 209 ℃以及 4-NBA$_{15}$PET 的 198 ℃。4-NBA$_n$PETs 的玻璃化转变温度随着 4-NBA 的含量增加而提高，PET、4-NBA$_5$PET、4-NBA$_{10}$PET 以及 4-NBA$_{15}$PET 的值分别为 78 ℃、80 ℃、85 ℃以及 88 ℃。

（4）4-NBA 促进了 PET 共聚酯残炭的生成，残炭含量分布分别是 13.7%（PET）、20.8%（4-NBA$_5$PET）、22.3%（4-NBA$_{10}$PET）　和 26.2%（4-NBA$_{15}$PET），且高于无—NO_2 取代的席夫碱阻燃单体对共聚改性 PET 的残炭的影响。

（5）无硝基取代的席夫碱阻燃单体改性 PET 的交联温度范围为 250 ～ 348 ℃，对位硝基取代使得席夫碱高温交联温度提高到 347 ～ 372 ℃，扩宽了席夫碱阻燃改性 PET 共聚酯的可加工窗口。

（6）4-NBA 提高了 PET 的阻燃性能和抗熔滴性能，添加量 10% 的 4-NBA$_{10}$PET 共聚酯的 LOI 为 32%，UL94 测试等级为 V-0 级，达到良好的阻燃抗熔滴效果。

第4章　间位硝基取代席夫碱阻燃改性聚酯 3-NBA$_n$PETs的合成与性能研究

4.1　引言

在对对位硝基取代席夫碱阻燃单体制备4-NBA$_n$PETs共聚酯的合成与性能进行研究后，本章将利用间位硝基取代席夫碱阻燃单体3-NBA合成3-NBA$_n$PETs共聚酯并对其性能进行研究。在席夫碱单体中，间位硝基离高温交联反应官能团（—C═N—）相对位置相比对位近，硝基在单体中的电子效应大小具有差异，从而对其改性共聚酯的交联反应活性和聚合活性产生影响。本章的主要目的是探讨间位—NO_2通过电子效应对席夫碱阻燃单体的高温交联反应活性以及高温交联温度的影响，并探索间位—NO_2对3-NBA聚合反应制备3-NBA$_n$PETs活性的影响，同时考察3-NBA对PET的熔融与结晶性、热稳定性、阻燃性能以及抗熔滴性能的影响。

4.2　实验

4.2.1　实验试剂（表4.1）

表4.1　主要实验试剂

试剂名称	化学式	规格	生产厂家
三氧化二锑	Sb_2O_3	分析纯	广东光华科技股份有限公司
3-NBA	$C_{15}H_{10}N_2O_6$	—	自制

续表

试剂名称	化学式	规格	生产厂家
BHET	—	—	自制

4.2.2　实验仪器

实验仪器同第 3 章 3.2.2。

4.2.3　实验方法

以对苯二甲酸羟乙基酯（BHET）和 3-NBA 为原料，通过缩聚反应制备阻燃改性 PET 共聚酯 3-NBA$_n$PETs（n 表示与 PTA 有关的摩尔百分比）。以 3-NBA$_{10}$PET 的制备过程为例，其合成路线如图 4.1 所示。在三口圆底烧瓶中，BHET（BHET∶PTA=1∶1，摩尔比）、3-NBA（3-NBA∶PTA=1∶10）和 Sb_2O_3（Sb_2O_3∶PTA=4.1×10^{-4}∶1）按比例加入，反应温度为 240 ℃，反应时间为 50 ～ 80 min，保持最终反应体系真空度低于 70 Pa，制备得到不同特性黏度的 3-NBA$_{10}$PET。如图 4.2 所示，当反应时间为 70 min，特性黏度达到最优值 0.99 dL/g，选取 70 min 作为 3-NBA$_{10}$PET 共聚酯制备的最佳时间，并用相同的方法制备其他比例的 3-NBA$_n$PETs。

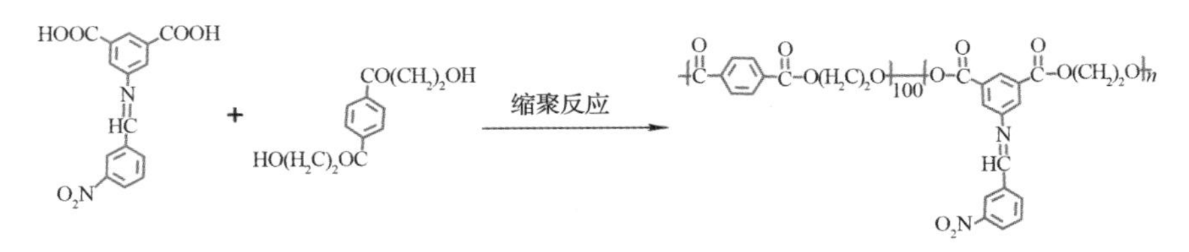

图 4.1　3-NBA$_{10}$PET 合成路线

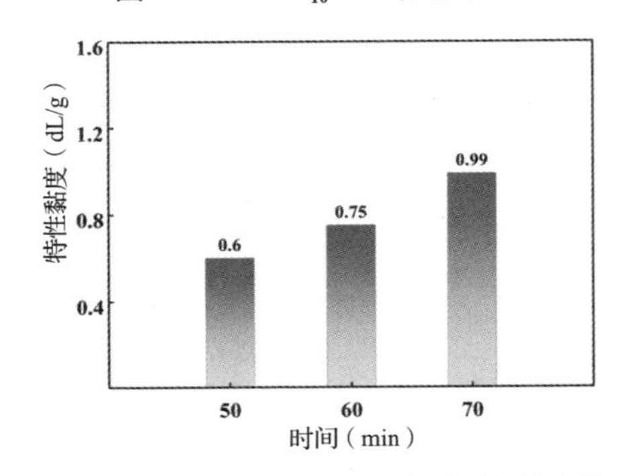

图 4.2　3-NBA$_{10}$PET 特性黏度随时间的变化

4.2.4 结构与性能表征

同第 3 章 3.2.4。

4.3 结果与讨论

4.3.1 3-NBA$_n$PETs 核磁氢谱

3-NBA$_n$PETs 共聚酯产物采用核磁氢谱表征 3-NBA 在 PET 分子链中的聚合情况，测试结果如图 4.3 所示，核磁峰所对应的 H 分别为 9.04（a，—N═CH—），8.94（b，Ar—H），8.75（c，Ar—H），8.62 ~ 8.70（d，Ar—H），8.44 ~ 8.47（e，Ar—H），8.21 ~ 8.24（f，Ar—H），7.88 ~ 7.93（g，Ar—H），4.93（—CH_2—O—），4.79（—CH_2—O—），表明 3-NBA 成功接入 PET 分子链中，所合成的聚合物为 3-NBA$_n$PETs 共聚酯。

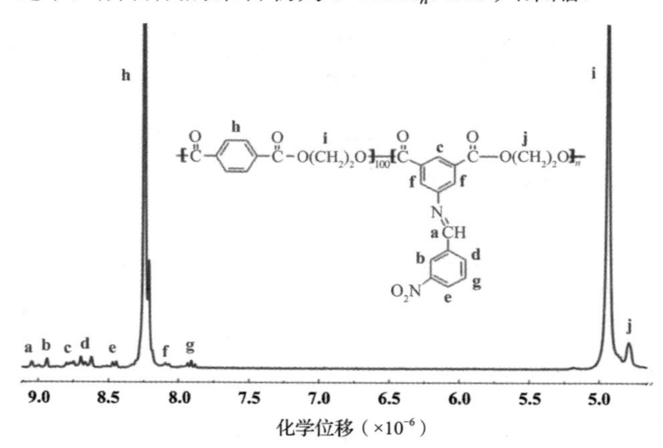

图 4.3　3-NBA$_{10}$PET 核磁氢谱

4.3.2 3-NBA$_n$PETs 制备工艺

本章中 3-NBA$_n$PETs 制备条件为缩聚反应温度 240 ℃、催化剂 Sb_2O_3 用量（Sb_2O_3∶PTA=1∶4.1×10^{-4}，摩尔比）[22]，缩聚时间 50 ~ 80 min。所制备得到的 3-NBA$_n$PETs 共聚酯的特性黏度如图 4.2 所示，反应时间为 50 min、60 min 和 70 min 条件下，所制备得到的 3-NBA$_{10}$PET 的特性黏度分别为 0.60 dL/g、0.75 dL/g 和 0.99 dL/g，当缩聚反应时间延长到 80 min 时，3-NBA$_{10}$PET

的分子量增加，其在特性黏度测试溶液中不能完全溶解，原因主要是缩聚反应时间延长导致制备得到的共聚酯的分子量增加，高的分子量导致溶剂对聚合物的溶解能力下降[115]，表明 70 min 为最佳的反应时间。其反应时间比对位硝基席夫碱阻燃单体 4-NBA 的聚合时间稍长，表明 3-NBA 的聚合反应活性降低了。

4.3.3　3-NBA$_n$PETs 熔融和结晶性能

3-NBA 聚合反应到 PET 分子结构中导致 PET 原有分子结构发生改变，也导致 PET 共聚酯的熔融和结晶性能发生改变。本研究使用 DSC 测试 PET 和 3-NBA$_n$PETs 的熔点及玻璃化转变温度等。聚酯的熔融曲线如图 4.4 所示，详细数据见表 4.2。3-NBA$_n$PETs 的玻璃化转变温度（T_g）随着 3-NBA 的增加而升高，PET、3-NBA$_5$PET、3-NBA$_{10}$PET 和 3-NBA$_{15}$PET 的玻璃化转变温度分别为 78 ℃、82 ℃、83 ℃和 84 ℃，这是由于 3-NBA 引入 PET 分子链中导致分子间作用力的增强，空间位阻增大。3-NBA$_n$PETs 的熔点（T_m）随着 3-NBA 的增加而降低，PET、3-NBA$_5$PET、3-NBA$_{10}$PET 和 3-NBA$_{15}$PET 的熔点分别为 242 ℃、222 ℃、206 ℃和 199 ℃，这主要是由于 3-NBA 破坏了 PET 规整的分子链结构[83]。聚酯的结晶曲线如图 4.5 所示，详细数据见表 4.2，结晶温度（T_c）、熔融焓（ΔH_m）以及结晶焓

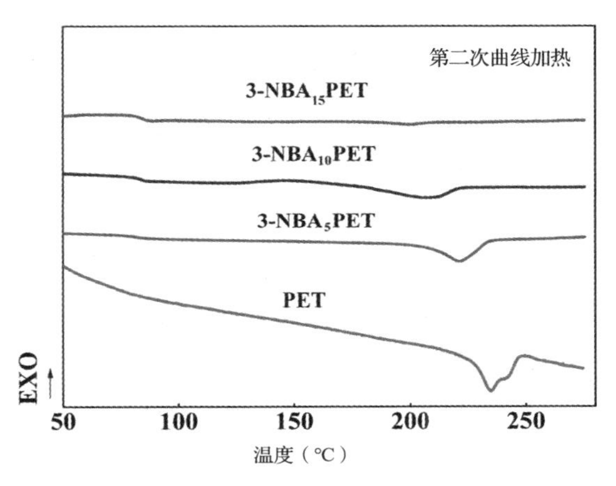

图 4.4　PET 和 3-NBA$_n$PETs 的 DSC 熔化曲线

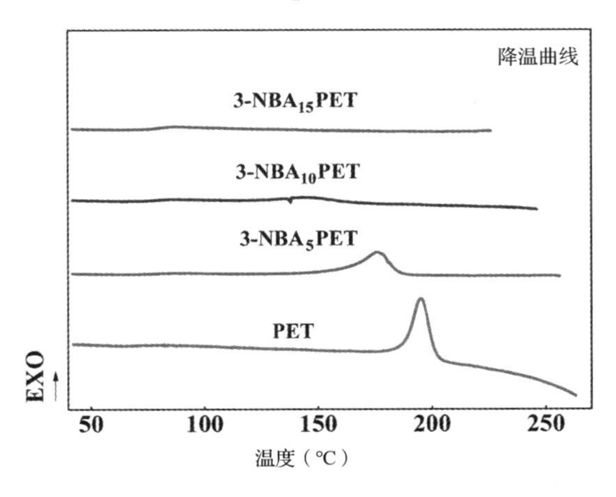

图 4.5　PET 和 3-NBA$_n$PETs 的 DSC 结晶曲线

（ΔH_c）的变化具有类似性质，随着3-NBA的添加量的增加而降低。PET、3-NBA_5PET、3-NBA_{10}PET以及3-NBA_{15}PET的特性黏度分别为0.87 dL/g、0.95 dL/g、0.99 dL/g及0.94 dL/g，表明随3-NBA聚合量的增加，改性聚酯的特性黏度相差不大，添加量的大小在制备工艺相同的条件下对共聚酯的特性黏度的影响有限。

表4.2 PET和3-NBA_nPETs的DSC测试结果

试剂名称	3-NBA摩尔含量（%）		[η]（dL/g）	T_g（℃）	T_m（℃）	ΔH_m（℃）	T_c（℃）	ΔH_c（℃）
	理论值	实际值						
PET	0	0	0.87	78	242	30.6	195	43.3
3-NBA_5PET	4.8	3.3	0.95	82	222	24.4	176	25.1
3-NBA_{10}PET	9.1	7.2	0.99	83	206	18.0	—	—
3-NBA_{15}PET	13.0	11.0	0.94	84	199	—	—	—

4.3.4 3-NBA_nPETs热稳定性

PET的热稳定性影响其燃烧过程中的热分解速率。利用TG测试PET和3-NBA_nPETs共聚酯的热稳定性。聚酯在氮气氛围中热分解曲线如图4.6（a）所示，结果见表4.3，PET和3-NBA_nPETs样品均表现出类似的质量损失趋势，PET的分解温度$T_{5\%}$为401 ℃，而3-NBA_5PET、3-NBA_{10}PET和3-NBA_{15}PET的$T_{5\%}$略有降低，分别为398 ℃、393 ℃和386 ℃，归因于4-NBA破坏了PET分子链规整性导致其分子流动性增强，高温700 ℃条件下，随着3-NBA在3-NBA_nPETs中含量增加，残炭量逐渐增加，分别为13.7%（PET）、21.1%（4-NBA_5PET）、25.3%（4-NBA_{10}PET） 及26.8%（4-NB-A_{15}PET），其原因主要是3-NBA_nPETs高温交联反应生成的网状化合物提高了共聚酯的成炭能力，相比没有硝基取代的席夫碱改性聚酯BA_nPETs的残炭14.3%（BA_5PET）、17.0%（BA_{10}PET）及22.0%（BA_{15}PET）有一定提高，表明间位硝基取代席夫碱的热稳定性提高，使其改性聚酯燃烧后的残炭提高。聚酯在氮气氛围中热分解的DTG曲线的如图4.6（b）所示，结果见表4.3，T_{max}峰值表示最高的失重速率温度，PET、3-NBA_5PET、3-NBA_{10}PET和3-NBA_{15}PET的T_{max}分别为435 ℃、434 ℃、432 ℃及431 ℃，表现出随3-NBA的增加而略微降低的趋势。

聚酯在空气氛围中热分解曲线如图 4.7（a）所示，结果见表 4.3。在空气中，聚酯分解曲线出现两个主要的加热分解过程，每个过程分别对应一个最大的失重速率温度，分别为 T_{max1} 和 T_{max2}。PET 开始的分解温度 $T_{5\%}$ 为 385 ℃、3-NBA$_5$PET、3-NBA$_{10}$PET 和 3-NBA$_{15}$PET 随 3-NBA 的增加而略有变化，分别为 393 ℃、389 ℃以及 384 ℃。聚酯在空气氛围中热分解曲线的 DTG 曲线如图 4.7（b）所示，结果见表 4.3，3-NBA$_n$PETs 的 T_{max1} 与 PET 十分接近，PET、3-NBA$_5$PET、3-NBA$_{10}$PET 和 3-NBA$_{15}$PET 分别为 435 ℃、434 ℃、430 ℃以及 431 ℃。PET 的 T_{max2}（定义为第二个失重过程最大失重率温度）为 561 ℃，3-NBA$_n$PETs 共聚酯的 T_{max2} 增加，3-NBA$_5$PET、3-NBA$_{10}$PET 及 3-NBA$_{15}$PET 为 582 ℃、580 ℃及 578 ℃，这主要是因为 3-NBA 高温下发生交联化学反应生成环状化合物提高了高温下 3-NBA$_5$PET 的热稳定性，导致其最大失重速率峰值往高温方向移动。

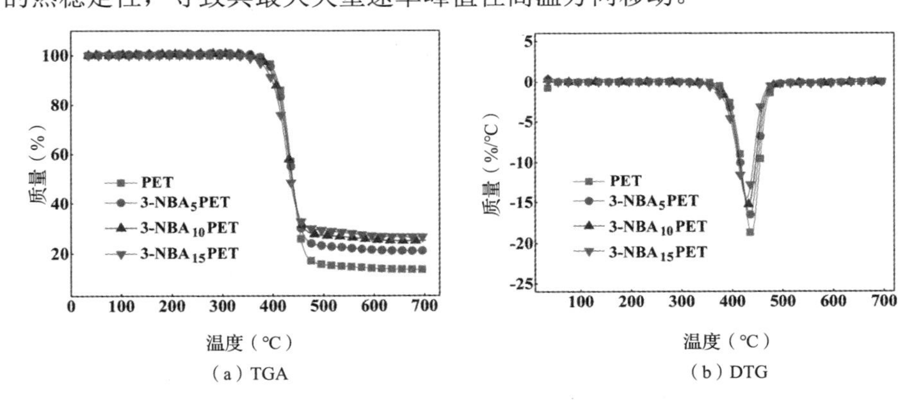

（a）TGA　　（b）DTG

图 4.6　PET 和 3-NBA$_n$PETs 在氮气下的 TGA 和 DTG 曲线

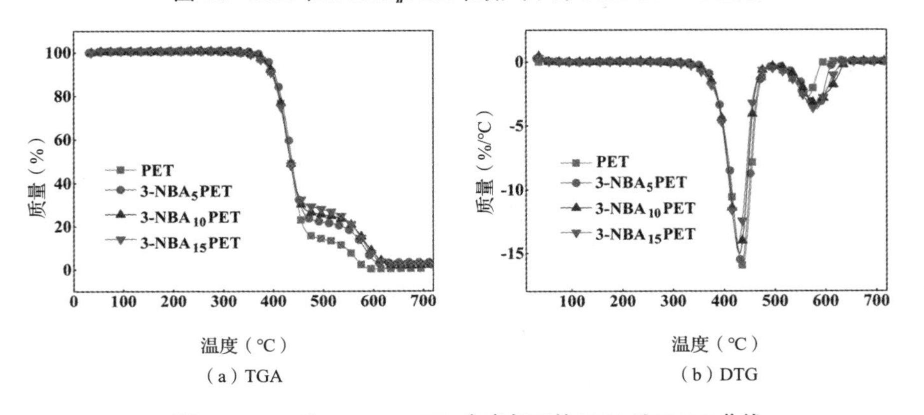

（a）TGA　　（b）DTG

图 4.7　PET 和 3-NBA$_n$PETs 在空气下的 TGA 和 DTG 曲线

表 4.3　PET 和 3-NBA$_n$PETs 在氮气和空气中的 TGA 与 DTG 测试结果

试剂名称	氮气			空气			
	$T_{5\%}$	T_{max}	CR 质量分数（%）	$T_{5\%}$	T_{max1}	T_{max2}	CR 质量分数（%）
PET	401	435	13.7	385	435	561	0.6
3-NBA$_5$PET	398	434	21.1	393	434	582	3.3
3-NBA$_{10}$PET	393	432	25.3	389	430	580	2.1
3-NBA$_{15}$PET	386	431	26.8	384	431	578	2.8

注　1. $T_{5\%}$：减少 5% 重量时的温度；

2. T_{max}：最大失重率下的温度；

3. CR：残炭。

4.3.5　3-NBA$_n$PETs 高温交联行为

采用 TG-DSC 的分析方法测试 3-NBA$_n$PETs 高温交联温度。表征结果如图 4.8 所示，PET 和 3-NBA$_n$PETs 均出现了融化和热分解的吸热峰，相比 PET，3-NBA$_{10}$PET 曲线在热分解的吸热峰之前出现了 355 ～ 385℃温度范围的放热峰，这是由于 3-NBA 在高温下发生了化学交联反应释放热量所致。没有—NO_2 取代的席夫碱阻燃单体在其改性的 PET 中的交联温度范围为 250 ～ 348 ℃，比较可知间位—NO_2 取代提高了席夫碱改性 PET 共聚酯的高温自交联温度，且比对位硝基取

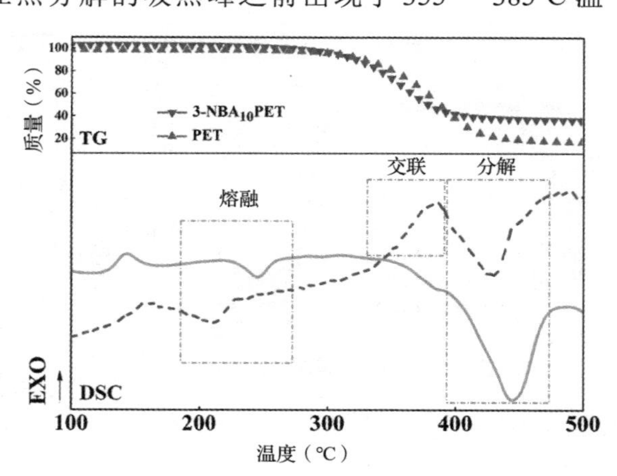

图 4.8　PET 和 3-NBA$_{10}$PET 的 TG-DSC 曲线

代席夫碱对聚酯的高温自交联温度提高的幅度更大。3-NBA 有效地提高了席夫碱阻燃改性共聚酯 3-NBA$_n$PETs 的高温交联温度，共聚酯可加工性能得到加强。

4.3.6　3-NBA$_n$PETs 阻燃抗熔滴性能

采用燃氧指数和 UL94 测试方法对聚酯的阻燃性能进行测试，结果见表 4.4。PET 的 UL94 测试等级为 NR 级，属于易于燃烧材料 [62-63,69,82]，经过 3-NBA 聚合改性，3-NBA$_5$PET、3-NBA$_{10}$PET 以及 3-NBA$_{15}$PET 的 UL94 分别为 V-2、V-0 和 V-0，表明 3-NBA 对 PET 具有很好的抗熔滴改性效果。当 3-NBA 的添加量达到 10%，3-NBA$_{10}$PET 改性共聚酯达到了最好的 V-0 等级，无熔滴现象发生。

极限氧指数（LOI）的测试结果表明，PET 的 LOI 指数为 22%，随着 3-NBA 的聚合量的增加，PET 改性聚酯的 LOI 指数升高，3-NBA$_5$PET、3-NBA$_{10}$PET 和 3-NBA$_{15}$PET 的 LOI 指数分别为 30%、31.8% 和 32.5%，表明 3-NBA 对 PET 具有很好的阻燃改性效果。PET 和 3-NBA$_{10}$PET 的 UL94 和 LOI 燃烧测试的结果如图 4.9 所示，观察可知，PET 燃烧时发生明显的熔滴现象，但是 3-NBA$_{10}$PET 燃烧后的残炭是凝结且不滴落的，无熔滴现象发生。阻燃测试结果表明，间位硝基取代席夫碱阻燃单体 3-NBA 对 PET 具有很好的阻燃抗熔滴效果。

表 4.4　PET 和 3-NBA$_n$PETs 的燃烧测试结果

试剂名称	LOI（%）	UL94	
		等级	熔滴现象
PET	22	NR	严重
3-NBA$_5$PET	30	V-2	一般
3-NBA$_{10}$PET	31.8	V-0	无
3-NBA$_{15}$PET	32.5	V-0	无

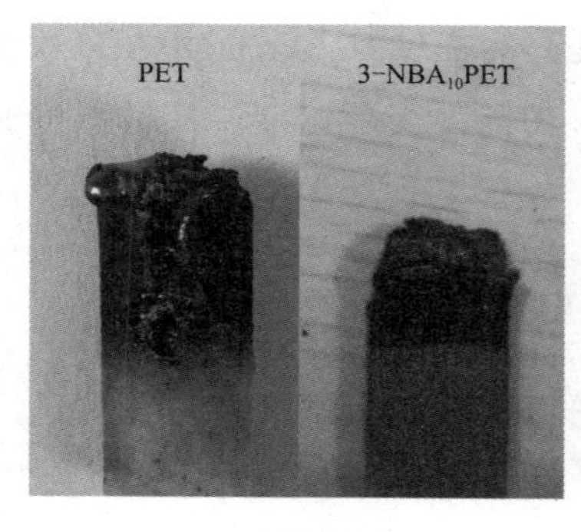

（a）UL94

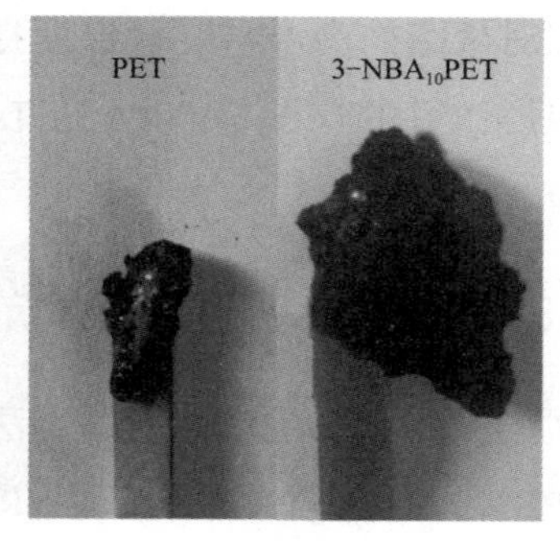

（b）LOI

图 4.9　PET 和 3-NBA$_{10}$PET UL94 和 LOI 样品的燃烧测试

4.4　总结

本章研究中利用间位硝基取代席夫碱二酸 3-NBA 聚合反应制备了阻燃改性 3-NBA$_n$PETs 共聚，考察了 3-NBA 对 3-NBA$_n$PETs 聚合反应时间、熔融和结晶性能、热稳定性、高温交联温度、阻燃性能以及抗熔滴性能的影响。主要结论如下。

（1）3-NBA$_n$PETs 共聚酯制备条件为缩聚反应温度 240 ℃、催化剂 Sb_2O_3 用量（Sb_2O_3：PTA=4.1×10^{-4}：1，摩尔比），缩聚时间为 70 min，比 4-NBA$_n$PETs 的反应时间略长，所合成共聚酯 3-NBA$_5$PET、3-NBA$_{10}$PET 及 3-NBA$_{15}$PET 的特性黏度分别为 0.95 dL/g、0.99 dL/g 及 0.94 dL/g。

（2）PET 的熔点为 242 ℃，3-NBA$_n$PETs 共聚酯的熔点（T_m）随着 3-NBA 含量增加而降低，3-NBA$_5$PET、3-NBA$_{10}$PET 及 3-NBA$_{15}$PET 的熔点分别为 222 ℃、206 ℃ 和 199 ℃。3-NBA 提高了 PET 共聚酯的玻璃化转变温度，且随着 3-NBA 含量增加而提高，PET、3-NBA$_5$PET、3-NBA$_{10}$PET 和 3-NBA$_{15}$PET 的玻璃化转变温度分别为 78 ℃、82 ℃、83 ℃ 和 84 ℃。

（3）3-NBA$_n$PETs 的残炭高于无硝基取代席夫碱改性 PET 共聚酯的残炭含量，且 3-NBA$_n$PETs 残炭量随着 3-NBA 的含量增加而提高。PET、3-NBA$_5$PET、3-NBA$_{10}$PET 和 3-NBA$_{15}$PET 的残炭含量分别为 13.7%、21.1%、25.3% 和 26.8%。

（4）3-NBA$_n$PETs 聚酯的高温交联温度范围比 4-NBA$_n$PETs 的进一步

的提高，为 355 ～ 385 ℃，表现出更宽的加工窗口温度范围。

（5）3-NBA 提高了 PET 的阻燃和抗熔滴性能，3-NBA$_{10}$PET 的燃氧指数为 31.8%，UL94 等级为 V-0 级，达到了良好的阻燃抗熔滴效果。

第 5 章　邻位硝基取代席夫碱阻燃改性聚酯 2-NBA$_n$PETs 的合成研究

5.1　引言

第 3 章和第 4 章分别利用对位硝基取代席夫碱阻燃单体 4-NBA 和间位硝基席夫碱阻燃单体 3-NBA 改性 PET，并对其改性的 PET 共聚酯性能影响进行了探索研究，研究发现硝基位置影响了改性 PET 共聚酯的高温交联温度以及单体的聚合活性。

本章继续研究邻位硝基取代席夫碱阻燃单体 2-NBA 对 PET 的共聚改性效果。邻位硝基离目标官能团（—C ═ N—）相对位置相比间位更近，其对席夫碱的交联反应活性以及聚合反应活性等性能将产生不同影响。利用邻位硝基取代席夫碱阻燃单体 2-NBA 制备阻燃抗熔滴 PET（2-NBA$_n$PETs），探讨邻位硝基用作取代基以通过电子效应降低席夫碱阻燃单体的高温交联反应活性而提高其交联温度的影响程度，同时探索邻位硝基取代席夫碱 2-NBA 对 PET 聚合反应活性以及聚合工艺的影响，以进一步优化改性 PET 工艺。同时考察 2-NBA 对 PET 的熔点、玻璃化温度、热稳定性、高温交联化学反应温度、阻燃性能以及抗熔滴性能的影响。

5.2　实验试剂与仪器

5.2.1　实验试剂（表 5.1）

表 5.1　主要实验试剂

试剂名称	化学式	规格	生产厂家
三氧化二锑	Sb_2O_3	分析纯	广东光华科技股份有限公司
2-NBA	$C_{15}H_{10}N_2O_6$	—	自制
BHET	—	—	自制

5.2.2　实验仪器

实验仪器见第 3 章 3.2.2。

5.3　2-NBA$_n$PETs 合成方法

5.3.1　方法一

5.3.1.1　合成步骤

本章研究利用对苯二甲酸羟乙基酯（BHET）和 2-NBA 制备 2-NBA$_n$PETs 共聚酯，采用的方法与对位硝基取代席夫碱单体（4-NBA）和间位硝基取代席夫碱单体（3-NBA）制备 4-NBA$_n$PETs 和 3-NBA$_n$PETs 方法一致。合成路线如图 5.1 所示，在三口圆底烧瓶中，BHET（BHET∶PTA=1∶1，摩尔比）、4-NBA（4-NBA∶PTA=1∶10）和 Sb_2O_3（Sb_2O_3∶PTA=4.1×10^{-4}∶1）按比例加入，在氮气保护下，反应温度 240 ℃ 开始进行反应，反应进行到 20 min 左右，反应物开始团聚，与对位硝基取代（4-NBA）和间位硝基取代（3-NBA）席夫碱阻燃单体与 BHET 反应过程中的透明反应液不同，继续反应至 2 h，最终反应体系真空度低于 70 Pa，最终反应产物成团结块，与对位硝基和间位硝基取代席夫碱阻燃单体合成的产物 4-NBA$_n$PETs 和 3-NBA$_n$PETs

的透明均匀不同。设置实验条件，各条件下合成产物与上述反应条件下合成的产物一致（表 5.2）。

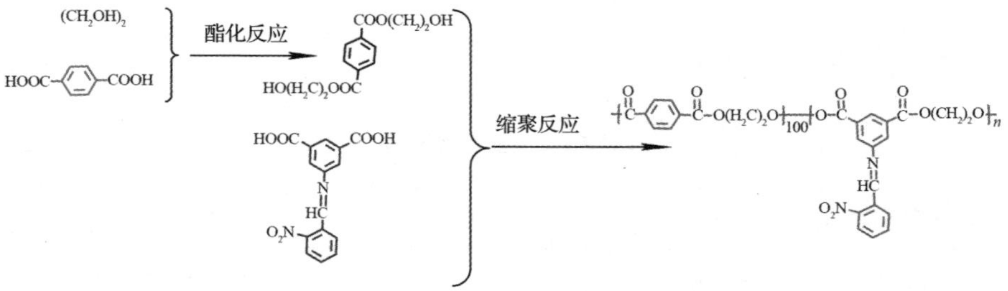

图 5.1　2-NBA$_n$PETs 的合成路线方法一

表 5.2　2-NBA$_n$PETs 的合成条件

缩聚催化剂	催化剂（PTA）用量（mol）	缩聚温度（℃）			缩聚时间（h）		
钛酸四丁酯	5.7×10^{-4}	240	260	280	1	2	3
	11.4×10^{-4}						
	2.85×10^{-4}						
三氧化二锑	4.1×10^{-4}	240	260	280	1	2	3
	8.2×10^{-4}						
	2.05×10^{-4}						

5.3.1.2　合成产物核磁氢谱

实验中各条件下合成的改性 PET 具有相同的实验现象，选取将在原料添加比例为 BHET（BHET∶PTA=1∶1，摩尔比），4-NBA（4-NBA∶PTA=1∶10）和 Sb_2O_3（Sb_2O_3∶PTA=4.1×10^{-4}∶1），缩聚 2 h 的 PET 改性聚酯 2-NBA$_{10}$PET 进行核磁氢谱测试。其测试结果如图 5.2 所示，核磁峰对应的标识和峰位置分别为：a，8.20（Ar—H）；b，4.90（—CH_2—CH_2—），分析结果表明，邻位硝基取代席夫碱单体 2-NBA 相关的核磁峰在改性聚酯中未出现，测试所得核磁峰为 PET 的核磁氢谱结果，表明 2-NBA 没有成功聚合到 PET 分子链中。

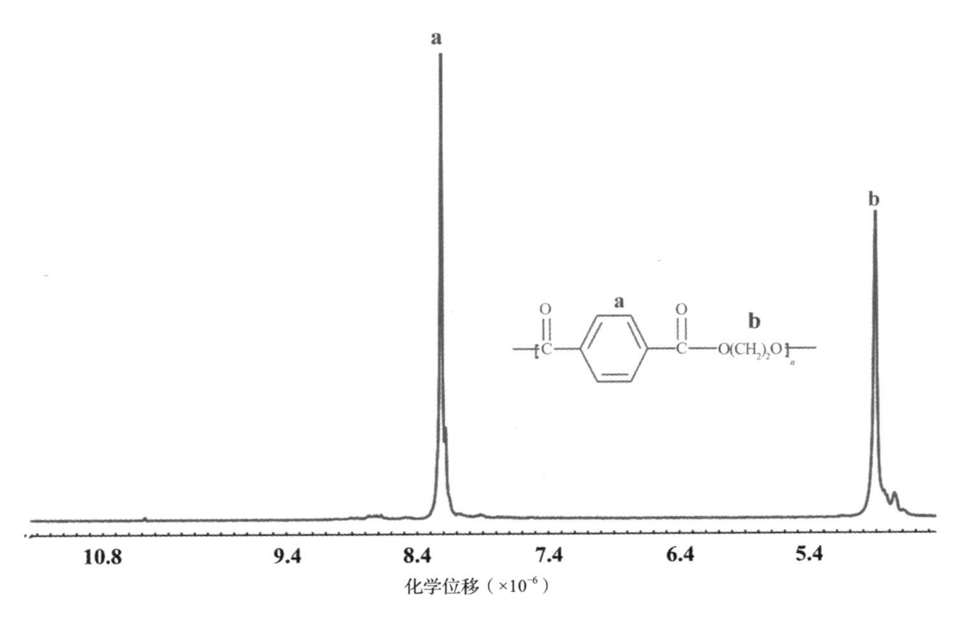

图 5.2　2-NBA$_n$PETs 合成方法一合成产物的核磁氢谱

5.3.2　方法二

5.3.2.1　合成步骤

2-NBA 接入 PET 分子链中是参与酯化反应过程，单体酯化反应活性低可能导致 2-NBA$_n$PETs 制备不成功。改用另一种 PET 常用制备方法（酯交换法）制备。合成路线如图 5.3 所示，首先 2-NBA 与乙二醇在温度 200 ℃，醋酸锌［8.7×10^{-3}/mol（PTA）］做催化剂的条件下反应 6 h 合成二羟基低聚物 5-［（2- 硝基亚苄基）氨基］间苯二甲酸乙二醇酯，即 2-NBAE，然后利用此低聚物再与 BHET 缩聚制备目标聚酯产物 2-NBA$_n$PETs。缩聚反应中，原料添加比为 BHET（BHET：PTA=1：1，摩尔比），2-NBAE（比例为 PTA 的 0.1 倍）和 Sb_2O_3（Sb_2O_3：PTA=4.1×10^{-4}：1），缩聚温度 240 ℃，缩聚时间 2 h，最终反应体系真空度低于 70 Pa，所合成的 2-NBA$_n$PETs 聚酯呈现粗糙成团现象。改变合成条件，得到了相同的实验现象（表 5.2）。

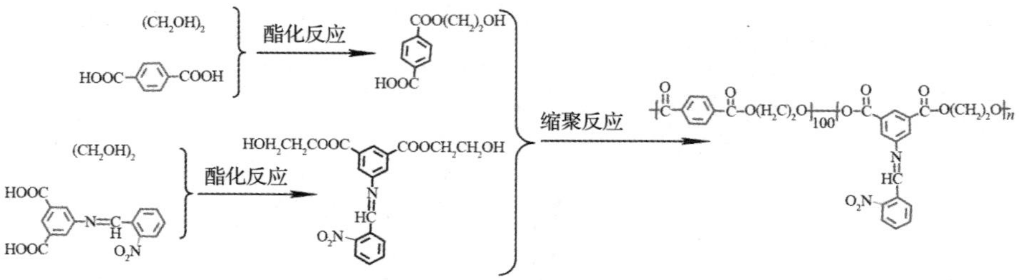

图 5.3　2-NBA$_n$PETs 的合成路线方法二

5.3.2.2　合成产物核磁氢谱

实验中各条件下合成的改性 PET 具有相同的实验现象。选取原料添加比为 BHET（BHET∶PTA=1∶1，摩尔比），2-NBAE（比例为 PTA 的 0.1 倍）和 Sb_2O_3（Sb_2O_3∶PTA=4.1×10^{-4}∶1），缩聚温度 240 ℃，缩聚时间 2 h，最终反应体系真空度低于 70 Pa 的 PET 改性聚酯 2-NBA$_{10}$PETs 进行核磁氢谱测试，结果如图 5.4 所示。a，8.21（Ar—H）；b，4.90（—CH_2—CH_2—）为 PET 的核磁峰，无 2-NBA 相关的核磁峰出现，表明 2-NBA 没有成功接入 PET 分子链中。

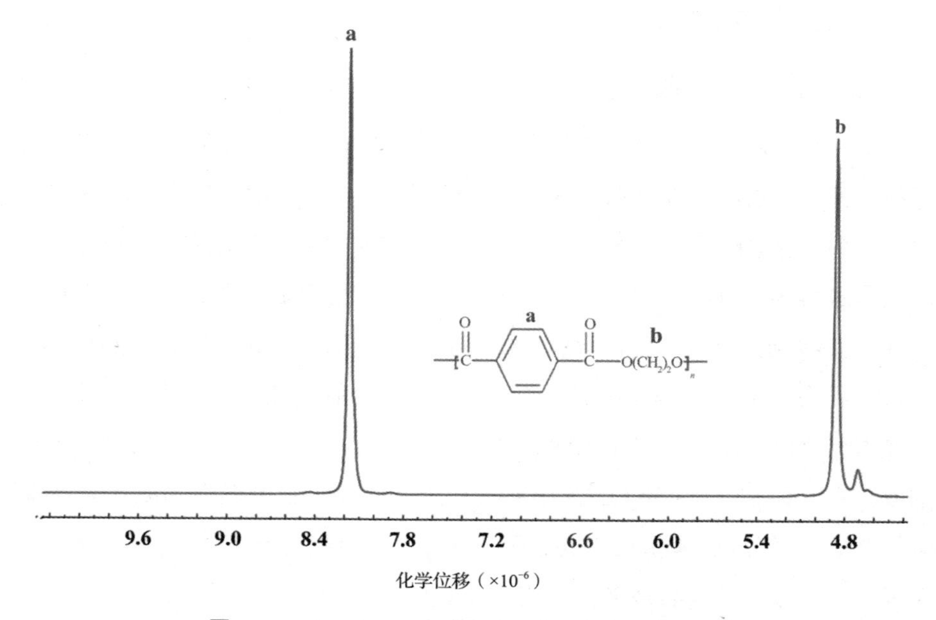

图 5.4　2-NBA$_n$PETs 合成方法二合成产物的核磁氢谱

5.3.3　方法三

5.3.3.1　引言

本章使用酯交换法制备 2-NBA$_n$PETs，即 5- 氨基间苯二甲酸二乙二醇酯与 BHET 酯交换聚合反应不成功，考虑酯交换为亲核加成，酯基的羰基碳的正电荷大小决定了酯交换的活性。通过密度泛函理论对二甲酯型席夫碱阻燃单体 5-［（2- 硝基亚苄基）氨基］间苯二甲酸二甲酯，即 2-NBAM 和二乙二醇酯型席夫碱阻燃单体 5-［（2- 硝基亚苄基）氨基］间苯二甲酸乙二醇酯，即 2-NBAE 的电荷进行计算，其计算模型分别如图 5.5 和图 5.6 所示，具体计算结果见表 5.3，结果表明 2-NBAE 的两边羰基碳正电荷分布不均匀，且电荷值相差较大，高分子反应需单体的两端的活性均较高且相当才能彼此聚合生成高分子化合物。此外，2-NBAM 与 BHET 酯交换时生成产物甲醇，2-NBAE 阻燃单体与 BHET 酯交换生成产物乙二醇。甲醇沸点（64.7 ℃）比乙二醇（197.3 ℃）低，甲醇易于及时移出反应体系，这有利于酯交换反应进行。因此 2-NBA$_n$PETs 的合成路线更改如下，首先合成二甲酯型席夫碱阻燃单体（2-NBAM），利用其与 BHET 低聚体进行酯交换反应制备邻位硝基席夫碱阻燃改性聚酯 2-NBA$_n$PETs。

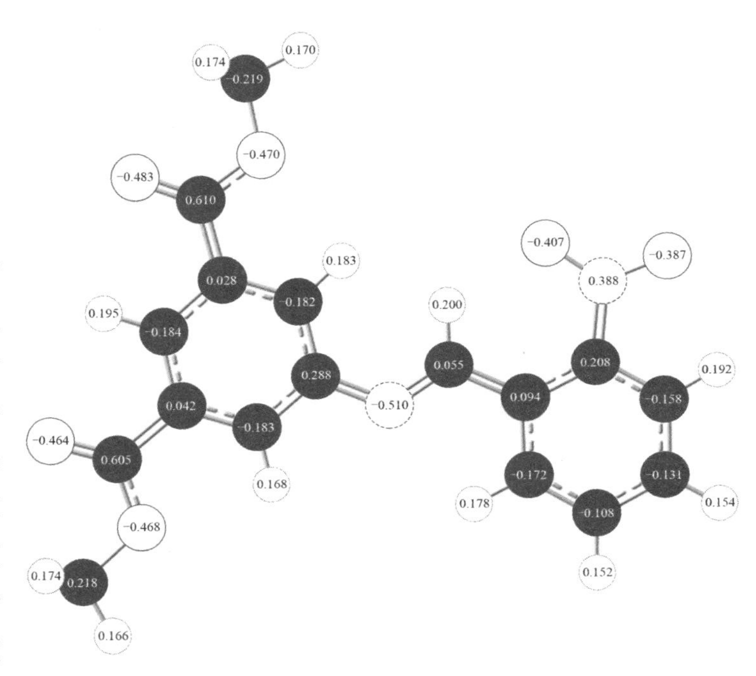

图 5.5　2-NBAM 的电荷计算模型

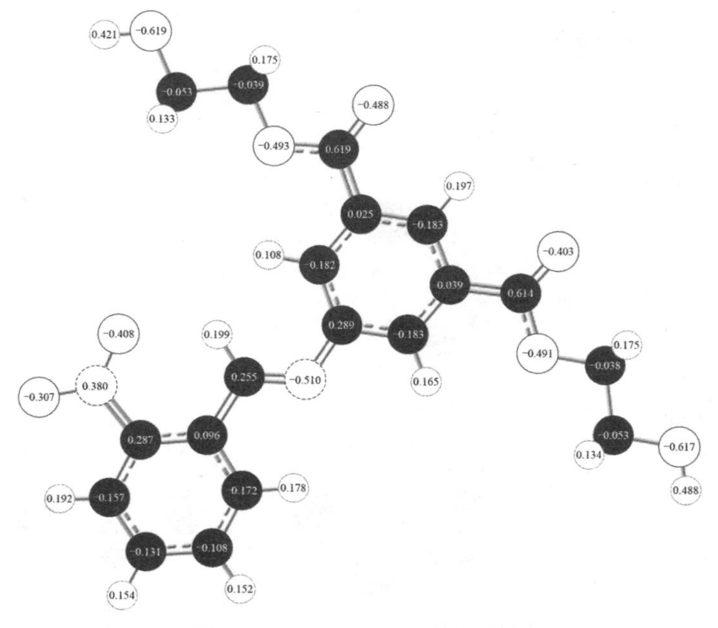

图 5.6　2-NBAE 的电荷计算模型

表 5.3　2-NBAE 与 2-NBAM 羰基碳电荷计算结果

席夫碱阻燃单体	2-NBAE		2-NBAM	
羰基碳电荷	0.619	0.514	0.610	0.605

5.3.3.2　2-NBAM 的合成

依据实验方法，首先合成邻位硝基取代席夫碱阻燃单体，即 5-［（2-硝基亚苄基）氨基］间苯二甲酸二甲酯（2-NBAM），其合成路线如图 5.7 所示，原料添加比为 5-氨基间苯二甲酸:邻硝基苯甲醛 =1∶1.2（摩尔比），以 DMSO 为反应溶剂，在氮气保护条件下反应 6 h。反应液冷却到室温后，将蒸馏水倒入反应液中，立刻有大量的沉淀析出。混合液经过抽滤，沉淀产物使用大量蒸馏水洗涤后在 85 ℃ 条件下干燥 8 h 制备得 2-NBAM。

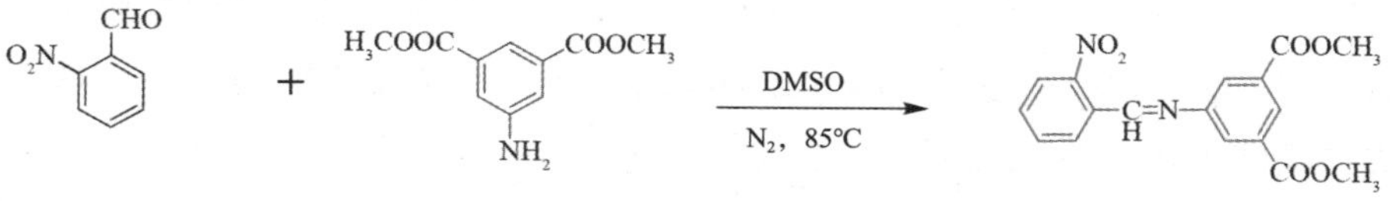

CHO　O_2N　+　H_3COOC　$COOCH_3$　NH_2　DMSO　N_2，85℃　NO_2　C=N　H　$COOCH_3$　$COOCH_3$

图 5.7　2-NBAM 单体合成

5.3.3.3　2-NBA$_n$PETs 合成

5- 氨基间苯二甲酸二甲酯与 BHET 酯交换合成 2-NBA$_n$PETs，原料添加量为 BHET（BHET∶PTA=1∶1，摩尔比），2-NBAM（添加比例为 PTA 的摩尔量的 0.1 倍）和 Sb_2O_3（Sb_2O_3∶PTA=4.1×10^{-4}∶1），反应温度 240 ℃，缩聚反应 2 h。其合成路线如图 5.8 所示，所合成的 2-NBA$_n$PETs 呈现粗糙成团现象。改变合成条件，得到了相同的实验现象（表 5.2）。

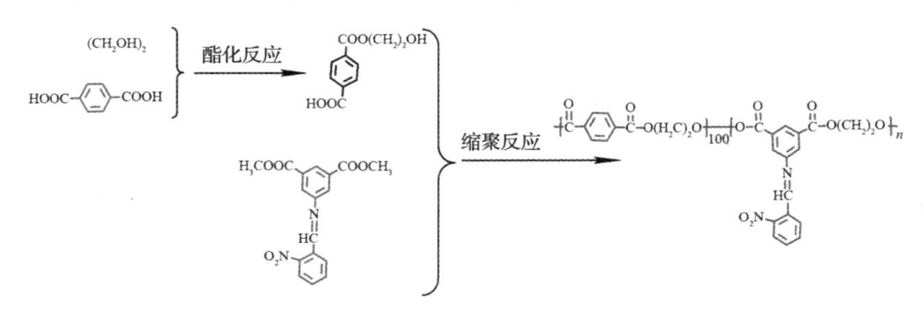

图 5.8　2-NBA$_n$PETs 的合成路线方法三

5.3.3.4　2-NBAM 核磁氢谱

核磁氢谱结果如图 5.9 所示，8.99（a，1H，—CH═N—），8.37（b，1H，Ar—H），8.18～8.20（c，1H，Ar—H），8.12～8.14（d，1H，Ar—H），8.03～8.04（e，2H，Ar—H），7.87～7.91（f，1H，Ar—H），7.78～7.83（g，1H，Ar—H），3.91（h，6H，—CH_3），核磁氢谱结果表明所合成的产物为 2-NBAM。

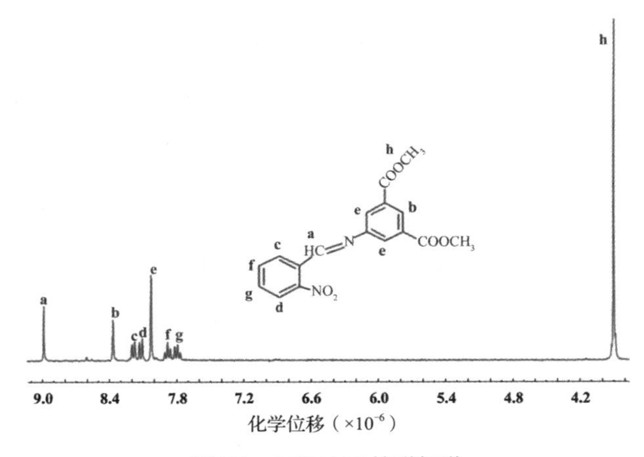

图 5.9　2-NBAM 核磁氢谱

5.3.3.5 2-NBAM 红外图谱

2-NBAM 红外图谱如图 5.10 所示，680 cm^{-1}，849 cm^{-1}，3087 cm^{-1} 为苯环骨架的伸缩振动峰，928 cm^{-1} 为—C—O 的伸缩振动峰，1002 cm^{-1} 为═C—H 的伸缩振动峰，1330 cm^{-1} 苯环上硝基对称振动峰，为 1524 cm^{-1} 为苯环上硝基不对称振动峰，1622 cm^{-1} 为—C ═ N—的伸缩振动峰，1738 cm^{-1} 为—C ═ O 的伸缩振动峰，2954 cm^{-1} 为—CH_3 的伸缩振动峰，其中 1622 cm^{-1} 处峰属于—CH ═ N—基团，是席夫碱阻燃单体 5- 氨基间苯二甲酸二甲酯的特征峰[114]。

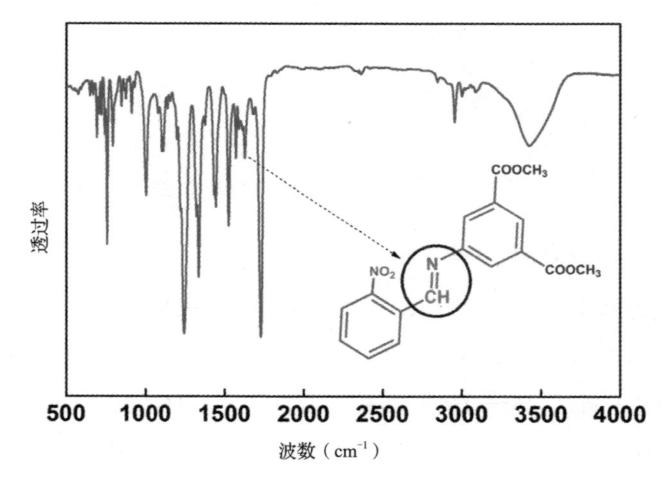

图 5.10　2-NBAM 的红外光谱

5.3.3.6 2-NBA$_n$PETs 核磁氢谱

实验各条件下合成的改性 PET 共聚酯具有相同的实验现象，选取原料添加比为 BHET（BHET∶PTA=1∶1，摩尔比），2-NBAM（比例为 PTA 的摩尔量的 0.1 倍）和 Sb_2O_3（Sb_2O_3 ∶ PTA=4.1×10^{-4}∶1），缩聚温度 240 ℃，缩聚时间 2 h，最终反应体系真空度低于 70 Pa 的 PET 改性共聚酯 2-NBA$_{10}$PET 进行核磁氢谱测试。结果如图 5.11 所示，a，8.16（Ar—H）；b，4.85（—CH_2—CH_2—）为 PET 的核磁峰，无 2-NBA 相关的核磁峰出现，表明 2-NBA 没有接入 PET 分子链中。

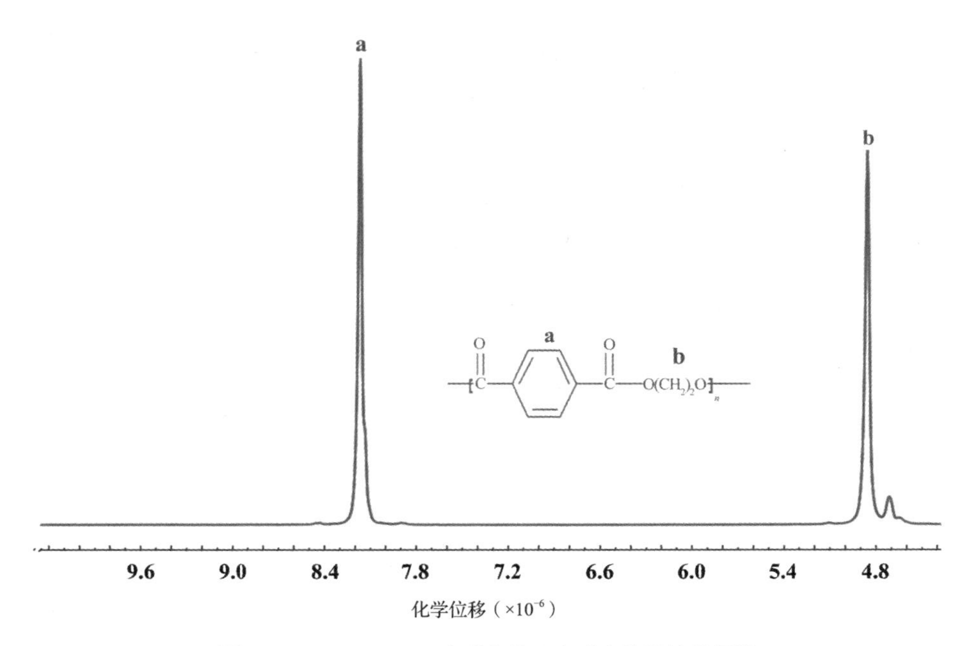

图 5.11　2-NBA$_n$PETs 合成方法三合成产物的核磁氢谱

5.4　总结

（1）首先使用与 4-NBA 以及 3-NBA 合成席夫碱阻燃改性 PET 共聚酯相同的方法利用 2-NBA 制备 PET 改性共聚酯 2-NBA$_n$PETs，结果表明，2-NBA 聚合活性降低后不能成功制备 2-NBA$_n$PETs。

（2）改变合成方法，采用酯交换法来制备。首先，邻位硝基取代席夫碱单体与乙二醇反应制备 5-［（2- 硝基亚苄基）氨基］间苯二甲酸乙二醇酯（2-NBAE），利用其与 BHTE 进行聚合反应呈现相同实验效果，核磁氢谱结果表明没有成功制备 2-NBA$_n$PETs。

（3）使用酯交换法，更改酯交换单体，采用活性更高的二甲酯型席夫碱阻燃单体 5-［（2- 硝基亚苄基）氨基］间苯二甲酸二甲酯（2-NBAM）来制备 2-NBA$_n$PETs。首先合成 2-NBAM，利用其与 BHTE 聚合，呈现相同的聚合效果，核磁氢谱结果表明没有成功制备 2-NBA$_n$PETs。

第 6 章　硝基取代席夫碱阻燃改性 PET 的阻燃抗熔滴机理

6.1　引言

席夫碱阻燃改性 PET 共聚酯燃烧过程中，席夫碱单体在高温下发生交联反应生成六元碳氮环状化合物结构，此环状化合物结构在凝聚相中通过促进聚酯表面燃烧成炭实现阻燃功能，其被证明是凝聚相阻燃机理[22-23]。除席夫碱阻燃单体所遵循的凝聚相阻燃机理外，席夫碱结构引入取代基—NO_2，而硝基基团是含氮基团，其在高温燃烧过程中可能会产生如 NO 和 NO_2 等气相阻燃成分，可能表现出气相阻燃机理。为了探索硝基取代席夫碱阻燃单体中是否存在如上所述的气相阻燃机理，使用热重—红外光谱（TG-IR）来分析硝基取代席夫碱改性 PET 共聚酯的气相裂解产物，使用红外光谱法分析其残炭，利用拉曼光谱分析其高温燃烧后残炭致密度变化探讨其阻燃机理。此外，利用旋转流变仪测试其在高温熔融态的黏度变化来探讨抗熔滴性能。

6.2　结构与性能表征

6.2.1　热重—红外光谱分析

实验中采用的仪器为 PETGA400 热重分析仪连接到 PE 光谱双 FT-IR 分光光度计分析仪分析 4-NBA_nPETs，使用 Mid-IRFTIR STA6000-TL9000 分析 3-NBA_nPETs，测试温度范围为 40 ～ 700℃，加热速率为 10 ℃/min，

氮气流量为 50 mL/min。

6.2.2　拉曼光谱分析

本章所使用的拉曼光谱仪仪器为 LabRAM HR，波长为 532 nm。

本章所使用的旋转流变仪仪器型号为 MCR302，测试温度范围为 PET（270 ～ 310 ℃）、4-NBA_5PET（250 ～ 310 ℃）、4-NBA_{10}PET（240 ～ 310 ℃）、4-NBA_{15}PET（230 ～ 310 ℃），测试频率为 1 Hz，样品直径为 25 mm，厚度为 1 mm。

6.3　结果与讨论

6.3.1　4-NBA_nPETs 热重红外光谱及残炭红外光谱

PET 热重红外光谱如图 6.1（a）所示，立体的热重红外光谱如图 6.1（b）所示。4-NBA_nPETs 热重红外光谱如图 6.1（c）所示，立体的热重红外光谱如图 6.1（d）所示。结果表明，4-NBA_{10}PET 的分解过程与 PET 相同，分解过程中无 NO 和 NO_2 等含氮元素化合物相关红外峰。PET 最大的分解速度温度约在 430℃。在此温度下，在其气相产物中，PET 以及 4-NBA_nPETs 均显示主要的热解产物峰，RCHO（1761 cm^{-1} 及 2745 cm^{-1}）、RCOOH（1761 cm^{-1} 及 3586cm^{-1}）、═COC（1268 cm^{-1}）、C—O—C（1088 cm^{-1}）、CO（2109cm^{-1} 及 2181 cm^{-1}）和 CO_2（663 cm^{-1} 及 2362 cm^{-1}）[120-124]。当温度升至 500 ℃ 时，PET 和 4-NBA_{10}PET 中的这些分解产物的红外峰强度变弱，并且有部分组分的红外峰消失。对 4-NBA_{10}PET 的燃烧残炭进行红外光谱分析，结果如图 6.2 所示。结果表明，1369 cm^{-1} 和 1506 cm^{-1} 为硝基的特征峰，邻位硝基席夫碱阻燃单体 4-NBA 中引入的—NO_2 基团并没有在高温下分解进入气相体现气相阻燃。这与研究中硝基引入苯环阻燃剂结构的研究结果一致 [117-119]。

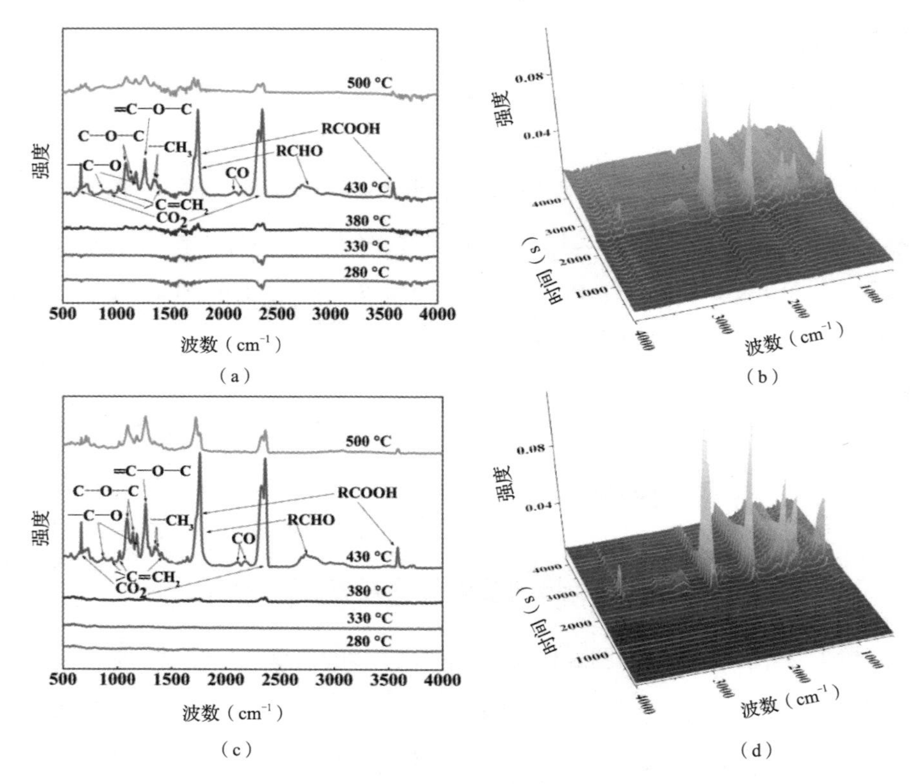

图 6.1　PET 和 4-NBA$_{10}$PET 气相裂解产物的三维 FT-IR 和 TG-IR 光谱

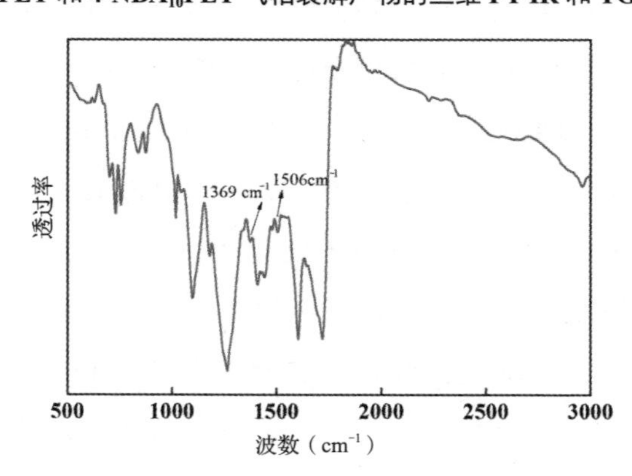

图 6.2　4-NBA$_{10}$PET 的残炭红外光谱

6.3.2　3-NBA$_n$PETs 热重红外光谱以及残炭红外光谱

PET 热重红外光谱如图 6.3（a）所示，立体的热重红外光谱如图 6.3（b）所示。3-NBA$_n$PETs 热重红外光谱如图 6.3（c）所示，立体的热重红外光谱如图 6.3（d）所示。结果表明，3-NBA_{10}PET 与 PET 呈现相同的分解过程，其气相裂解产物中没有 NO 和 NO_2 等含氮元素化合物有关的红外峰。在温度 430℃ 条件下的气相分解产物中，PET 以及 3-NBA_nPETs 均显示主要的热解产物峰，RCHO（1761 cm^{-1} 及 2736 cm^{-1}），RCOOH（1761 cm^{-1} 及 3587 cm^{-1}）、═C—O—C（1264 cm^{-1}）、C—O—C（1087 cm^{-1} 及 1141 cm^{-1}）、CO（2105 cm^{-1} 及 2180 cm^{-1}）和 CO_2（664 cm^{-1} 及 2363 cm^{-1}）[120-124]。对 3-NBA_{10}PET 的燃烧残炭进行红外光谱分析，结果如图 6.4 所示。结果表明，1370 cm^{-1} 和 1505 cm^{-1} 为 —NO_2 的特征峰 [118-119,125]，结果表明间位硝基取代席夫碱阻燃单体 3-NBA 中引入的—NO_2 基团没有在高温下分解生成含氮类阻燃气体。这一结论与在其他阻燃剂的苯环结构空位中引入—NO_2 基团的研究结果一致 [117-119]。

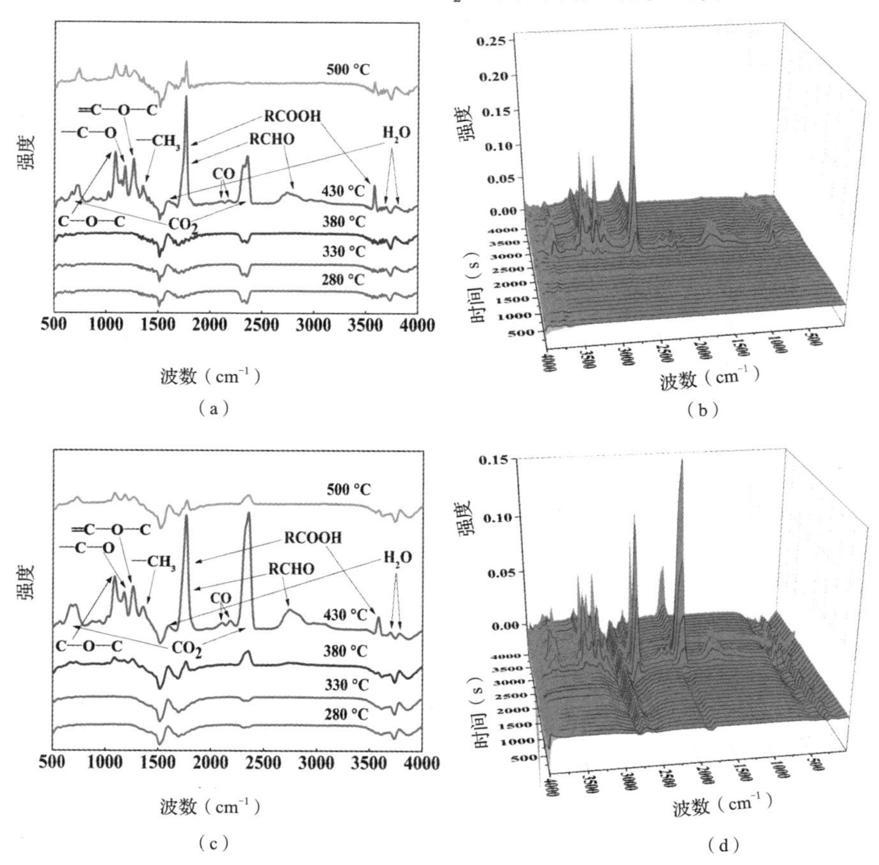

图 6.3　PET 和 3-NBA_{10}PET 气相裂解产物的三维 FT-IR 和 TG-IR 光谱

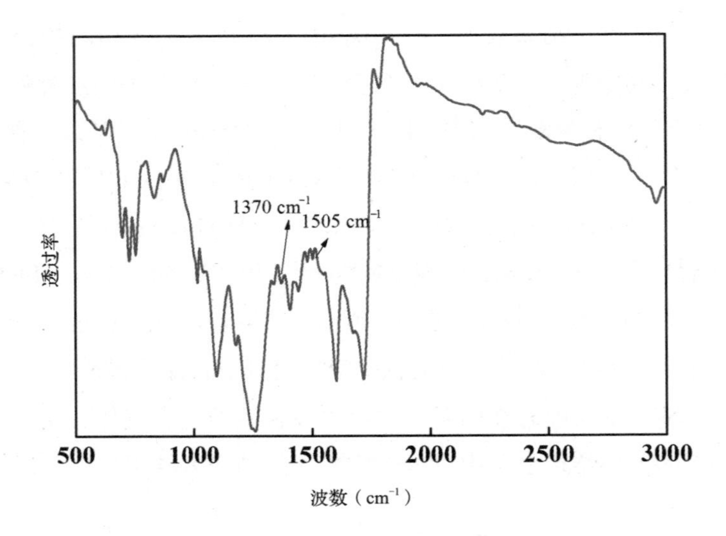

图 6.4　3-NBA_{10}PET 的残炭红外光谱

6.3.3　硝基取代席夫碱阻燃改性 PET 共聚酯残炭拉曼光谱与形貌分析

PET 经过高温燃烧后形成炭层，炭层的致密程度影响其阻燃效果 [126]。炭层的致密程度可以通过拉曼光谱表征。炭层的拉曼光谱中会出现 D 波段（与无序石墨或玻璃化炭有关）和 G 波段（与炭层的组织化石墨结构有关），通过计算 D 和 G 波段的峰面积比（A_D/A_G）来分析残炭炭层中的微晶尺寸大小，较高的 A_D/A_G 具有较小的碳质微结构尺寸以及更好的炭层致密度 [82]。PET 拉曼测试结果如图 6.5 所示，4-NBA_{10}PET 的拉曼测试结果如图 6.6 所示，3-NBA_{10}PET 的拉曼测试结果如图 6.7 所示，PET、4-NBA_{10}PET 及 3-NBA_{10}PET 的 A_D/A_G 分别为 2.14、2.32 及 2.37，与 PET 相比，硝基取代席夫碱改性共聚酯的 A_D/A_G 提高。这表明 4-NBA_nPETs 和 3-NBA_nPETs 共聚酯中的 4-NBA 以及 3-NBA 使 PET 残炭炭层中的碳质微构变小，炭层致密度提高。图 6.8 结果表明，PET 的残炭表面形貌是倾向光滑的炭层，经过硝基取代席夫碱阻燃单体改性的 PET 共聚酯 4-NBA_{10}PET 及 3-NBA_{10}PET 的残炭炭层表面更加粗糙。

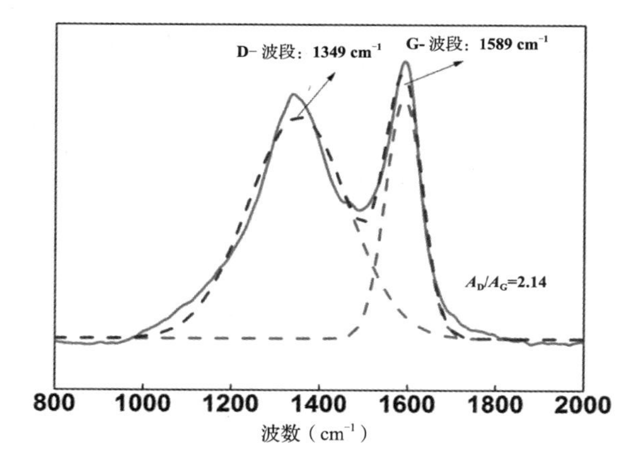

图 6.5　PET 残炭拉曼光谱

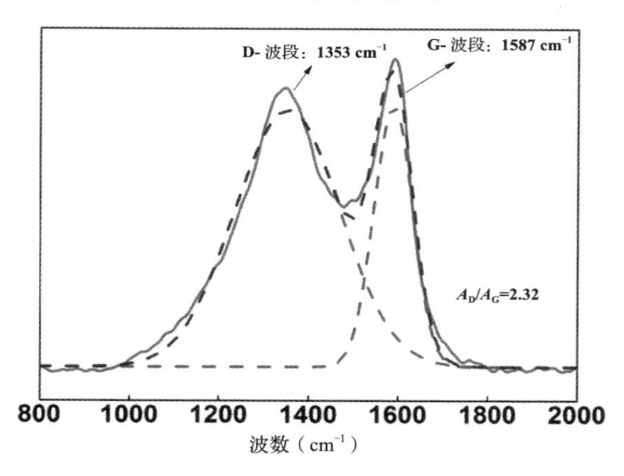

图 6.6　4-NBA$_{10}$PET 残炭拉曼光谱

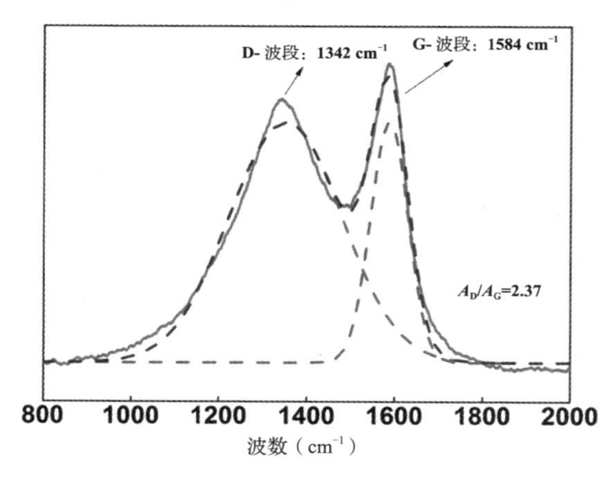

图 6.7　3-NBA$_{10}$PET 残炭拉曼光谱

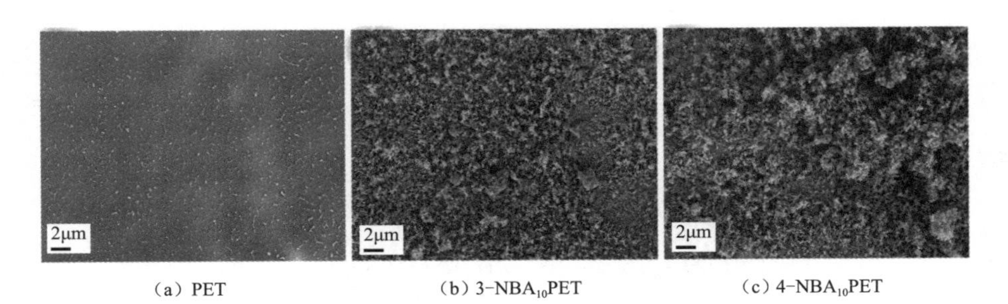

（a）PET　　（b）3-NBA_{10}PET　　（c）4-NBA_{10}PET

图 6.8　残炭形貌

6.3.4　硝基取代席夫碱阻燃改性 PET 共聚酯阻燃机理

依据本章分析可知，硝基取代席夫碱阻燃改性 PET 共聚酯（4-NBA_nPETs，3-NBA_nPETs）的阻燃机理为凝聚相阻燃机理。其阻燃过程如图 6.9 所示，阻燃改性 PET 共聚酯经受高温，材料的表层开始裂解燃烧，分解出—CH═O、CO、CO_2、—CH_2—O—CH_2—等气相分解产物，释放热量使得燃烧更加剧烈，材料的温度继续升高，当其达到硝基取代席夫碱（4-NBA，3-NBA）的交联反应温度点时，阻燃改性 PET 共聚酯开始发生高温交联反应生成环状化合物，图 6.9（b）中的小点表示高分子的交联，此化合物进一步燃烧炭化生成的致密的炭层，如图 6.9（c）中的小圆点所示，覆盖了未燃烧的共聚酯，阻止热量从共聚酯的燃烧部分传递到未燃烧的阻燃改性 PET 共聚酯，同时阻止氧气继续传递到未燃烧部分，从而使硝基取代席夫碱阻燃改性 PET 共聚酯的燃烧过程终止。

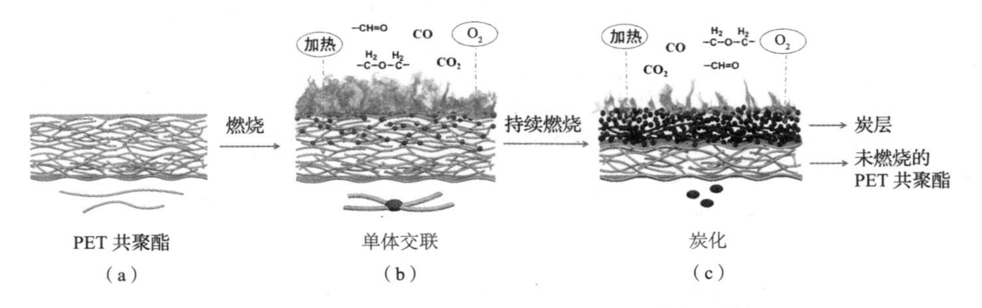

图 6.9　硝基取代席夫碱阻燃改性 PET 共聚酯的阻燃机理

6.3.5　硝基取代席夫碱阻燃改性 PET 共聚酯复合黏度变化与其抗熔滴机理

PET 的抗熔滴性能与其高温下的熔体黏度有关，黏度越高，其抗熔滴效果越好[83]。采用动态振荡流变测试硝基取代席夫碱阻燃改性共聚聚酯 4-NBA$_n$PETs 以及 3-NBA$_n$PETs 聚酯在高温下复合黏度随温度的变化。测试结果如图 6.10 与图 6.11 所示，PET 的复合黏度随温度的升高而略有下降，硝基取代席夫碱阻燃改性共聚酯的复合黏度随温度变化均呈 U 形变化趋势，它们的下降部分表现出与 PET 相同的现象。这是因为在升温开始阶段，随着温度的提高，PET 分子链更容易移动，使其复合黏度下降，温度提高到一定的程度后，PET 高分子开始裂解，导致其复合黏度下降[21-23]，但硝基取代席夫碱阻燃改性共聚酯中的 4-NBA 以及 3-NBA 单体高温下发生交联反应生成环状化合物，这阻碍了其分子链的运动，进而使得其复合黏度急剧增加，在图中表现为曲线急剧上升。这种高温下熔体复合黏度的提升提高了硝基取代席夫碱阻燃共聚酯的抗熔滴性能[22]。

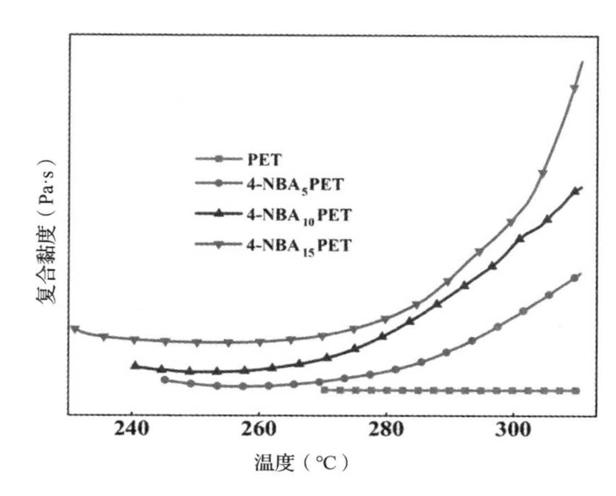

图 6.10　PET 和 4-NBA$_n$PETs 复合黏度随温度变化曲线

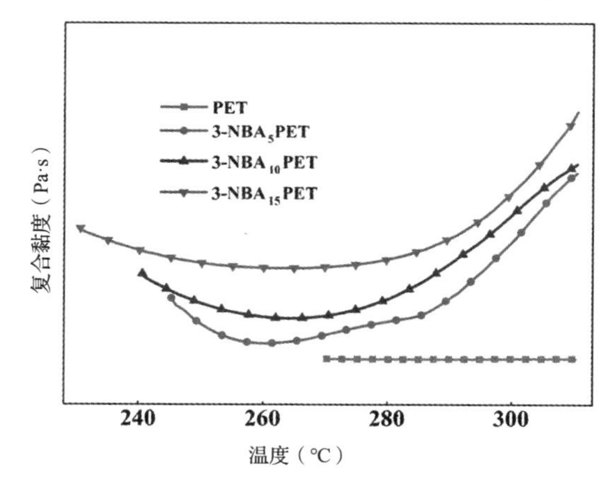

图 6.11　PET 和 3-NBA$_n$PETs 复合黏度随温度变化曲线

6.4 总结

本章中利用热重—红外、红外光谱以及拉曼光谱对硝基取代席夫碱阻燃改性 PET 共聚酯（4-NBA$_n$PETs、3-NBA$_n$PETs）的阻燃机理进行分析，结果表明：

（1）硝基引入席夫碱结构的不同位置后，其在 PET 共聚酯经过高温过程没有分解生成 NO、NO_2 等阻燃气体，残炭红外分析中出现了硝基的特征峰，表明硝基残留在阻燃改性 PET 共聚酯的残炭凝聚相中。

（2）拉曼光谱分析表明，硝基取代席夫碱单体提高了 PET 共聚酯的残炭炭层致密度。

（3）硝基取代席夫碱阻燃改性 PET 共聚酯的阻燃机理是其亚胺结构在高温下发生化学交联反应生成环状化合物促进致密炭层的生成，这种致密炭层阻隔热量和氧气的传递实现凝聚相阻燃。

（4）利用动态振荡流变测试分析方法分析了硝基取代席夫碱阻燃改性 PET 共聚酯的抗熔滴机理，结果表明，阻燃改性 PET 共聚酯在经过高温后，单体发生高温交联反应，致使其在高温下的熔体黏度随温度升高而增加，从而使硝基取代席夫碱阻燃改性 PET 共聚酯抗熔滴性能提升。

第 7 章　硝基对席夫碱改性 PET 交联反应以及对席夫碱单体聚合反应活性的影响

7.1　引言

第 3 章～第 5 章分别对邻间对位硝基取代席夫碱阻燃二酸单体制备相应的改性 PET 共聚酯（4-NBA$_n$PETs、3-NBA$_n$PETs 与 2-NBA$_n$PETs）进行了合成及相关的性能研究。结果表明，研究成功制备了共聚酯 4-NBA$_n$PETs 和 3-NBA$_n$PETs，但 2-NBA 的聚合活性低，2-NBA$_n$PETs 没有合成成功。二酸结构席夫碱单体相比非二酸结构席夫碱单体，提高了 PET 聚合反应速率，且具有不同取代位置的硝基席夫碱阻燃单体的聚合活性规律为 4-NBA>3-NBA>2-NBA。硝基取代席夫碱后，其改性共聚酯的高温交联温度比没有硝基取代的席夫碱改性共聚酯的交联温度高，且改性 PET 共聚酯的高温交联反应温度高低为 4-NBA$_n$PETs<3-NBA$_n$PETs。本章将利用前线轨道理论对以上共聚酯的高温交联活性规律进行分析，利用密度泛函理论计算电荷等方法对以上单体的聚合活性规律进行分析。

7.2　结果与讨论

7.2.1　硝基对席夫碱阻燃改性 PET 共聚酯的高温交联反应活性影响

第 3 章和第 4 章实验部分得到了硝基取代席夫碱改性 PET 共聚酯的高温交联反应活性规律，间位硝基取代席夫碱二酸改性 3-NBA$_n$PETs 共聚酯交联温度范围为355～385 ℃，比对位硝基取代席夫碱改性共聚酯4-NBA_nPETs的交联温度范围（347～372 ℃）高，且均比没有硝基取代的席夫碱改性共聚酯NBA_nPETs的交联温度范围（250～348 ℃）高[22]。

硝基取代席夫碱二酸改性PET共聚酯的高温交联反应过程如图7.1所示，改性PET共聚酯经过高温过程后首先生成一个六元的环状中间体过渡态，过渡态再生成最终的产物，由于4-NBA与3-NBA中—NO_2基团的吸电子效应降低了其亚胺结构（—C ═ N—）的反应活性，导致其交联温度提高。硝基取代席夫碱单体中的所有原子是共平面，形成了一个整体的共轭体系，如图7.2（4-NBA）和图7.3（3-NBA）中阴影所示，—NO_2强吸电子作用影响整个体系的电子云密度，分析其具体的共轭形式为NO_2—ph（ph为苯环、π—π共轭）、ph—C ═ N—ph（π—π共轭）、ph—C ═ O（π—π共轭）以及ph—C—O（p—π共轭）。席夫碱的交联反应为2+2+2环缩合反应[21,127-128]，反应过程如图7.1所示，其中—NO_2的吸电子效应（包括诱导作用和共轭作用）[129-135]降低了硝基取代席夫碱中的亚胺结构的电子云密度，这抑制了其高温交联过程中六元环中间过渡态的形成，进而阻碍了其高温化学交联反应产物的形成，因此其高温交联化学反应温度提高[21]。

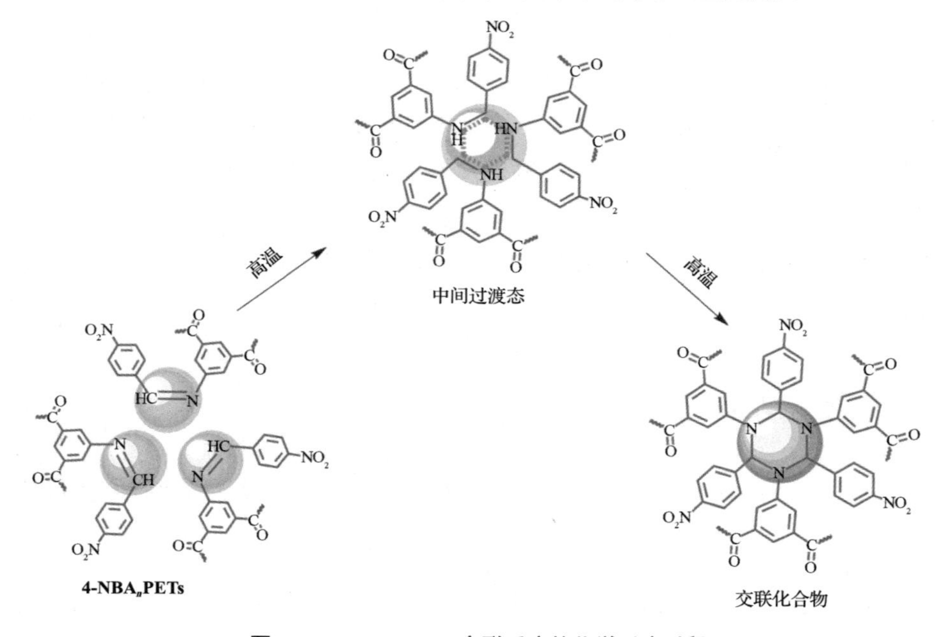

图7.1　4-NBA_nPETs交联反应的化学反应过程

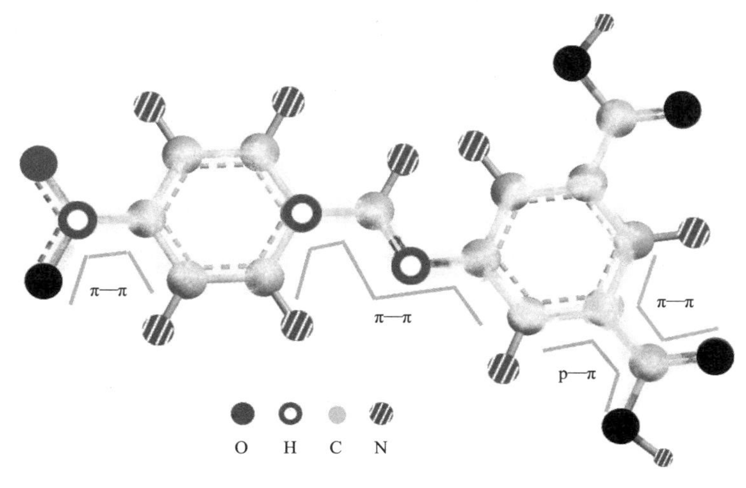

图 7.2　4-NBA 原子共轭体系

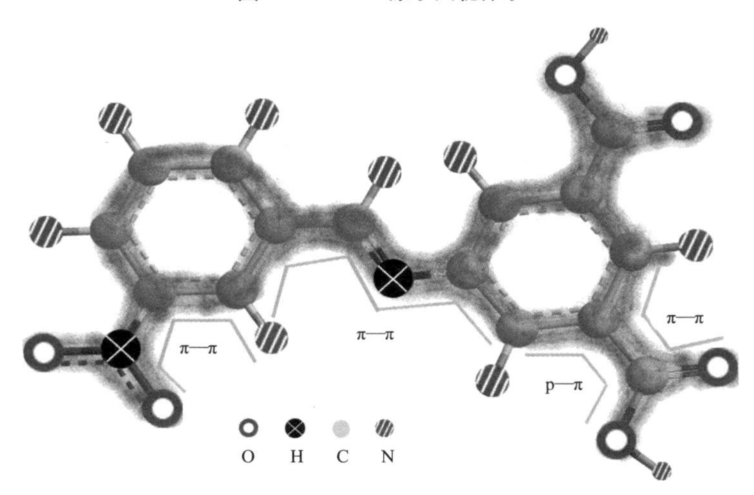

图 7.3　3-NBA 原子共轭体系

席夫碱的高温交联反应为其亚胺结构的环加成反应，这种类型的反应可以通过前线轨道理论加以解释[136-141]。前线轨道理论（frontier orbital），是一种分子轨道理论。这一理论将分子周围分布的电子云根据能量细分为不同能级的分子轨道。能量最高的分子轨道（最高占据轨道 HOMO）和没有被电子占据的能量最低的分子轨道（最低未占轨道 LUMO）是决定一个体系发生化学反应的关键，其他能量的分子轨道对于化学反应虽然有影响但是影响有限，通常可以暂时忽略。HOMO 和 LUMO 就是前线轨道[136-141]。在环加成反应中 HOMO-LUMO 间隙越大，反应阻碍越大[137]。

对三种共聚酯（4-NBA$_n$PETs、3-NBA$_n$PETs 及 2-NBA$_n$PETs）的 HOMO-LUMO 间隙进行计算，其计算结果的 HOMO-LUMO 模型分别如图 7.4（4-NBA$_n$PETs）、图 7.5（3-NBA$_n$PETs）及图 7.6（2-NBA$_n$PETs）所示，它们的 HOMO-LUMO 间隙计算结果见表 7.1，HOMO-LUMO 间隙大小排序为 4-NBA$_n$PETs<3-NBA$_n$PETs<2-NBA$_n$PETs。根据前线轨道理论，HOMO-LUMO 间隙小交联反应活性高，硝基取代席夫碱单体后，对位间位邻位硝基取代席夫碱单体的 HOMO-LUMO 间隙不断提高，交联活性不断降低，高温交联温度不断提升，交联温度大小为 4-NBA$_n$PETs<3-NBA$_n$PETs，根据理论，推测邻位硝基聚酯（2-NBA$_n$PETs）应该具有更高的交联温度（表 7.2）。

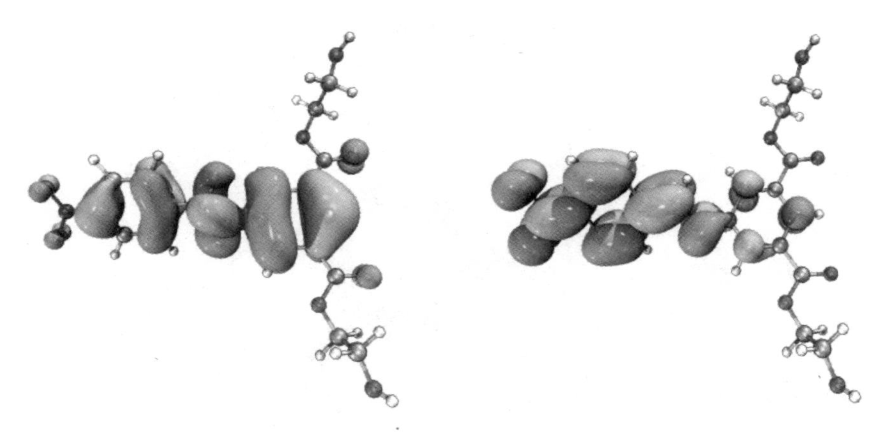

图 7.4　4-NBA$_n$PETs 的 HOMO-LUMO 轨道

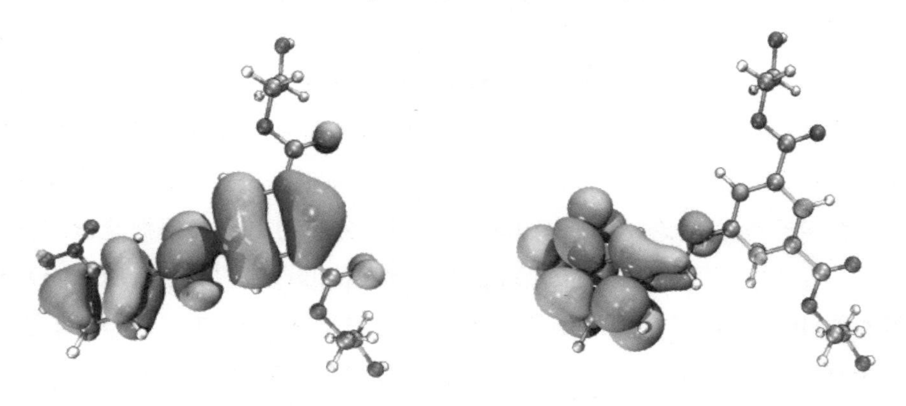

图 7.5　3-NBA$_n$PETs 的 HOMO-LUMO 轨道

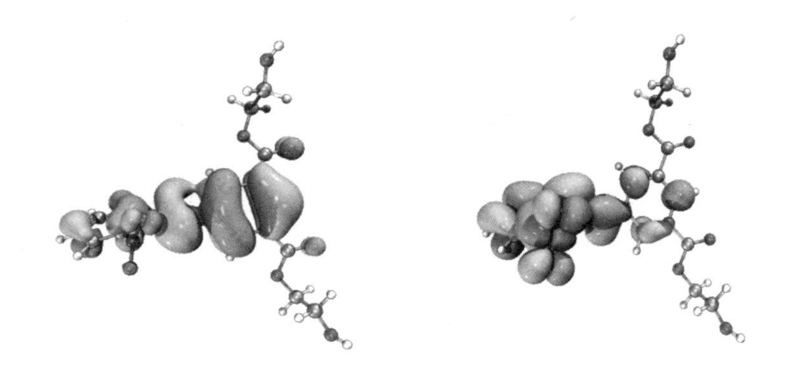

图 7.6　2-NBA$_n$PETs 的 HOMO-LUMO 轨道

表 7.1　不同席夫碱阻燃改性共聚酯的 HOMO-LUMO 间隙

共聚酯	4-NBA$_n$PETs	3-NBA$_n$PETs	2-NBA$_n$PETs
HOMO-LUMO 间隙（eV）	3.786291	4.065452	4.096359

表 7.2　不同席夫碱阻燃改性 PET 共聚酯的高温交联反应温度

共聚酯	2-NBA$_n$PETs	3-NBA$_n$PETs	4-NBA$_n$PETs
高温交联温度（℃）	250 ～ 348	355 ～ 385	347 ～ 372

研究实现了扩宽席夫碱改性 PET 共聚酯的加工窗口，对于所呈现的硝基位置变化导致的其对应单体制备的阻燃 PET 共聚酯的 HOMO-LUMO 间隙变化规律，原因是硝基对席夫碱交联反应结构—C ═ N—的电子作用大小随距离变大而减小，距离大小为对位硝基＞间位硝基＞邻位硝基。因此作用力大小为对位硝基＜间位硝基＜邻位硝基，最终导致所计算的 HOMO-LUMO 间隙大小不一。

7.2.2　硝基对其取代席夫碱阻燃单体的聚合反应活性的影响

与非二酸的结构席夫碱单体（BA）比较，本研究的硝基取代席夫碱二酸单体加速了 PET 的缩聚反应，在原有研究反应时间（120 min）的基础上 [22]，分别缩短为 50 min（4-NBA），70 min（3-NBA），但 2-NBA 不反应，结果见表 7.3，表明硝基取代席夫碱二酸单体有利于聚合反应活性的提高。其主要原因分析如下 [142-144]：一是，酸结构和 BHET 形成的水分子相比 BHET

预聚物生成的EG更容易除去；二是，二酸结构可以与反应中游离的EG反应，从而使PET缩聚反应的平衡向PET共聚酯的分子链的形成方向移动[142]。

表 7.3　不同席夫碱阻燃单体制备 PET 共聚酯的缩聚反应时间

席夫碱阻燃单体	BA	4-NBA	3-NBA	2-NBA
缩聚反应时间（min）	120	50	70	—

另外，硝基取代席夫碱二酸单体反应活性呈现4-NBA ＞ 3-NBA ＞ 2-NBA，其机理分析如下。

根据PET的合成原理，硝基取代席夫碱（4-NBA、3-NBA与2-NBA）的聚合活性可能主要由两部分决定：一是，席夫碱单体本身参与酯化反应过程接入PET分子链中，该反应过程与单体参与酯化反应活性有关；二是，硝基位置可能对反应产生位阻效应。酯化反应是亲核加成反应，其活性大小与羧酸的羰基碳原子的正电性大小有关。对单体的电荷进行计算，计算模型如图7.7（4-NBA）、图7.8（3-NBA）及图7.9（2-NBA）所示，对应原子的标识如图7.10所示，主要原子电荷的计算结果见表7.4，硝基取代席夫碱阻燃单体中羧酸羰基碳的电正性影响亲核加成反应的酯化反应的活性，其值越大，反应活性越高[145-146]。

单体的羧酸的羰基碳原子的正电性分布（图中标识AB）为4-NBA（0.667，0.666）＞ 3-NBA（0.667，0.665），因此4-NBA亲核加成的酯化活性高于3-NBA，而2-NBA（邻位）的羰基碳电荷为（0.669，0.664），对比4-NBA和3-NBA的羰基碳正电性，可知2-NBA羧酸中羰基碳原子的电荷两端分布不均匀，这导致其酯化反应一端羧基难参与反应生成PET高分子链，而另一端容易参与生成，结果导致PET高分子链增长受阻，进而降低了2-NBA单体酯化反应的活性。硝基取代席夫碱二酸阻燃酯化反应活性大小：4-NBA ＞ 3-NBA ＞ 2-NBA，与实验得到的单体的聚合反应活性一致。硝基位置的位阻效应中，硝基离反应基团越近，位阻效应越大，反应阻碍越大，所以位阻效应导致的活性大小顺序为4-NBA ＞ 3-NBA ＞ 2-NBA，这可能也是呈现前面章节所示的实验现象的一个原因。综合以上对硝基取代席夫碱阻燃单体的聚合活性分析，得出主要由于酯化亲核反应活性影响其聚合反应活性，因此体现在实验中的聚合活性规律为4-NBA ＞ 3-NBA ＞ 2-NBA。

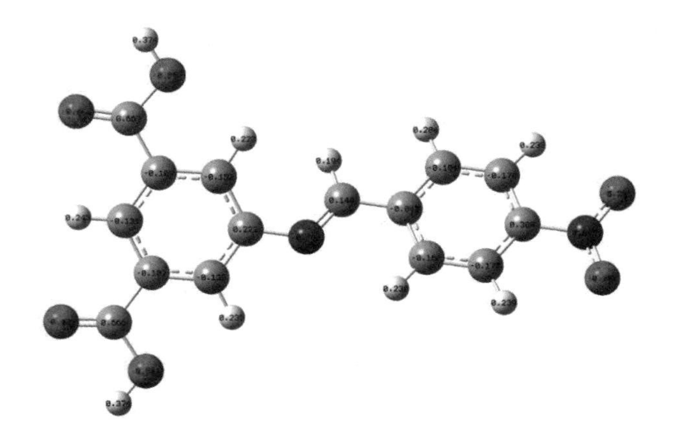

图 7.7　**4-NBA** 电荷计算模型

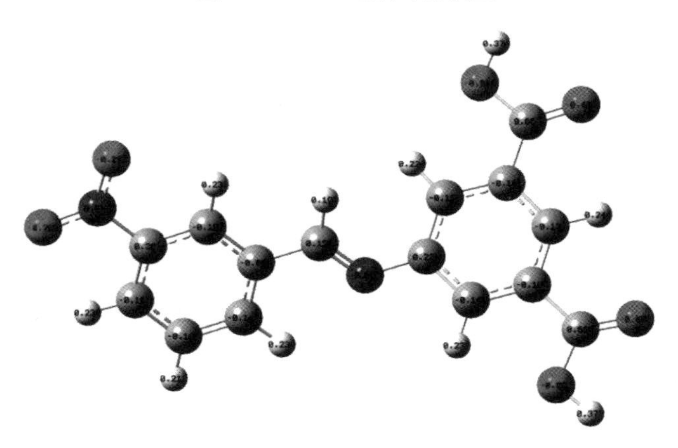

图 7.8　**3-NBA** 电荷计算模型

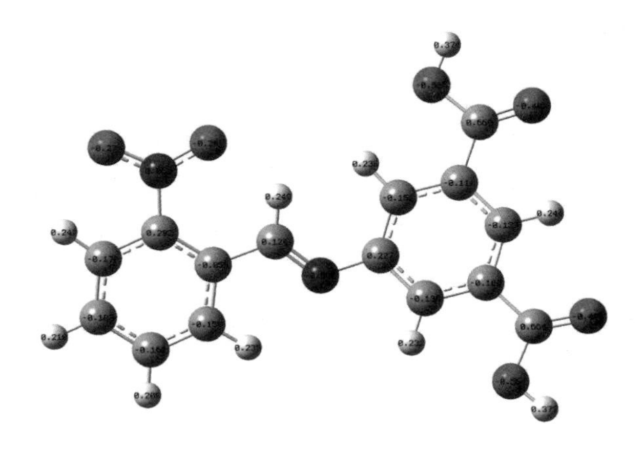

图 7.9　**2-NBA** 电荷计算模型

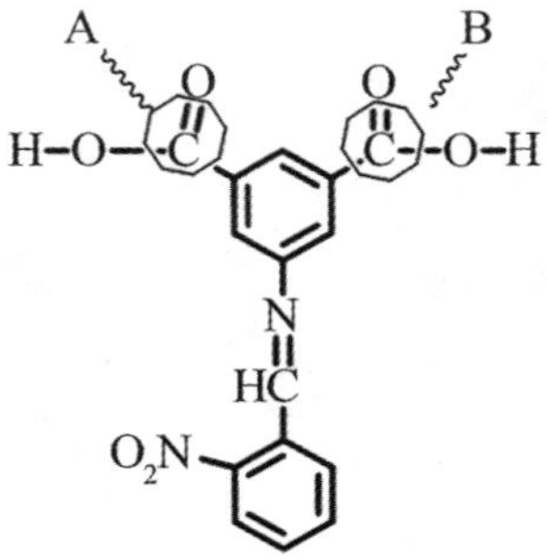

图 7.10 硝基取代席夫碱阻燃单体的原子位置标识

表 7.4 硝基取代席夫碱阻燃单体羰基碳电荷计算结果

单体	A（C）	B（C）
2-NBA	0.669	0.664
3-NBA	0.667	0.665
4-NBA	0.667	0.666

7.3 总结

基于第 3 ～第 5 章的实验基础，硝基的电子效应使席夫碱改性 PET 共聚酯的高温交联反应温度高于无硝基取代席夫碱改性共聚酯 BA_nPETs，且硝基的位置效应使 4-NBA_nPETs 的交联温度低于 3-NBA_nPETs。利用前线轨道理论解释席夫碱阻燃单体高温下的环加成反应，计算聚酯的 HOMO-LUMO 间隙，规律为 4-NBA_nPETs < 3-NBA_nPETs < 2-NBA_nPETs。HOMO-LUMO 间隙越大，反应活性越低，所需要的交联温度越高，推测 2-NBA_nPETs 将具有更高的交联反应温度。硝基取代席夫碱二酸单体的聚合活性规律为 4-NBA > 3-NBA > 2-NBA。这是因为聚合反应过程中单体接入 PET 分子链是酯化亲核加成反应过程，通过 DFT 计算其羧基的羰基碳的正电性对其反应活性规律进行分析，结果表明硝基位置离羧基越远，反应活性越高。此外，硝基位置越近反应可能的位阻也越大，2-NBA 聚合活性最低，这也可能是导致单体聚合反应活性变化的一个原因。综合考虑，主要是由于硝基位置导致单体的酯化反应活性变化使其聚合反应活性规律呈现前面实验章节中所得到结果。

参考文献

[1] 李建国 . 聚对苯二甲酸乙二醇酯的合成、改性及应用 [J]. 中外企业家，2011（2）：150-151.

[2] 卢攀峰，阎修维，刘敏，等 .PET 改性研究进展及应用现状 [J]. 中国塑料，2008，22（10）：1-6.

[3] 王慧，李增喜，闫瑞一，等 . 废旧 PET 聚酯塑料循环利用的应用研究进展 [J]. 工程研究 - 跨学科视野中的工程，2009，1（4）：305-313.

[4] 周浩 . 我国 PET 瓶的应用与发展 [J]. 印刷技术，2009（6）：61-63.

[5] WANG Y，ZHAO J，SHA L，et al.Design of broad-spectrum antimicrobial polyethylene terephthalate fabrics by coating composited natural brucites[J]. Journal of Materials Science，2018，53（3）：1610-1622.

[6] YU W G，ZHANG X Y，GAO X F，et al.Fabrication of high-strength PET fibers modified with graphene oxide of varying lateral size[J].Journal of Materials Science，2020，55（21）：8940-8953.

[7] ZHANG X，ZHAO S C，MOHAMED M G，et al.Crystallization behaviors of poly（ethylene terephthalate）（PET） with monosilane isobutyl-polyhedral oligomeric silsesquioxanes（POSS）[J].Journal of Materials Science，2020，55（29）：14642-14655.

[8] WEIL E D，LEVCHIK S V.Commercial flame retardancy of thermoplastic polyesters – a review[J].J Fire Sci，2016，22（4）：339-350.

[9] WENDELS S，CHAVEZ T，BONNET M，et al.Recent developments in organophosphorus flame retardants containing P-C bond and their appli-

cations[J].Materials （Basel），2017，10（7）：784.

[10] ZHAO H B，WANG Y Z.Design and synthesis of PET-based copolyesters with flame-retardant and antidripping performance[J].Macromol Rapid Commun，2017：1700451.DOI：10.1002/marc.201700451.

[11] 江振林 . 聚酯纤维及织物的阻燃与抗熔滴改性 [D]. 上海：东华大学，2017.

[12] 闫梦祥，张思源，王总帅，等 . 磷系阻燃剂阻燃 PET 的研究进展 [J]. 中国塑料，2017，31（10）：1-5.

[13] 杨慧，丁鹏，施利毅，等 .PET 工程塑料用无卤阻燃剂研究进展 [J]. 上海塑料，2008（1）：1-4.

[14] LECVHIK S V，WEIL E D.Flame retardancy of thermoplastic polyesters?A review of the recent literature[J].Polym Int，2005，54（1）：11-35.

[15] LEWIN M.Unsolved problems and unanswered questions in flame retardance of polymers[J].Polym Degrad Stab，2005，88（1）：13-19.

[16] SALMEIA K A，GOONEIE A，SIMONETTI P，et al.Comprehensive study onflame retardant polyesters from phosphorus additives[J].Polym Degrad Stab，2018，155：22-34.

[17] VELENCOSO M M，BATTIG A，MARKWART J C，et al.Molecular firefighting-how modern phosphorus chemistry can help solve the challenge of flame retardancy[J].Angew Chem Int Ed Engl，2018，57（33）：10450-10467.

[18] NI Y P，LI Q T，CHEN L，et al.Semi-aromatic copolyesters with high strength and fire safety via hydrogen bonds and π-π stacking[J].Chem Eng J，2019，374：694-705.

[19] 张杰，乔辉，丁筠，等 .PET 阻燃复合材料的研究进展 [J]. 工程塑料应用，2017，45（5）：140-144.

[20] 翟功勋，潘伟楠，周家良，等 . 含磷二元杂化协效阻燃改性聚对苯二甲酸乙二醇酯（PET）的研究进展 [J]. 高分子通报，2019（1）：75-82.

[21] LEI Z Q，XIE P，RONG M Z，et al.Catalyst-free dynamic exchange of aromatic Schiff base bonds and its application to self-healing and remolding of crosslinked polymers[J].Journal of Materials Chemistry A，2015，

3（39）：19662-19668.

[22] WU J N，CHEN L，FU T，et al.New application for aromatic Schiff base: High efficient flame-retardant and anti-dripping action for polyesters[J].Chem Eng J，2018（336）：622-632.

[23] WU J N，QIN Z H，CHEN L，et al.Tailoring Schiff base cross-linking by cyano group toward excellent flame retardancy，anti-dripping and smoke suppression of PET[J].Polymer，2018（153）：78-85.

[24] 李毕忠，胡海彦，吴坤 . 纳米 PET 树脂及其工程塑料应用 [J]. 广东塑料，2005（3）：21-23.

[25] 潘英明，张金潇 . 诱导效应和共轭效应在有机化学中的应用 [J]. 高师理科学刊，2015，35（10）：92-95，102.

[26] 俞波 .PET 自伸长纤维的制备及应用 [J]. 合成纤维工业，2001（5）：42-46.

[27] 郑宁来 . 聚对苯二甲酸乙二醇酯在塑料方面的应用 [J]. 现代塑料加工应用，1990（3）：54-61.

[28] 张强 . 新型侧基含磷阻燃共聚酯的合成、表征及阻燃机理研究 [D]. 武汉：武汉科技学院，2007.

[29] 吴宝庆，果学军，吴茫 . 涤纶磷系共聚阻燃剂及阻燃聚酯制备方法 [J]. 合成纤维工业，2002（6）：39-40.

[30] 高建伟，王锐，董振峰，等 . 磷氟协同阻燃 PET 的制备及性能研究 [J]. 北京服装学院学报（自然科学版），2019，39（2）：1-9.

[31] 高芸 . 烷基次磷酸盐在 PET 中热降解行为及阻燃性能的研究 [D]. 贵阳：贵州大学，2020.

[32] 马晓涛，周筱雅，方铖，等 . 磷系阻燃剂 /POSS 协同阻燃 PET 的研究进展 [J]. 绍兴文理学院学报（自然科学版），2020，40（1）：84-90.

[33] 孟晓伟 . 环保阻燃聚对苯二甲酸乙二醇酯透明薄膜的制备及燃烧行为的研究 [D]. 北京：北京化工大学，2020.

[34] 白文斌 . 自然老化对 PC 和 PET 结构与性能的影响 [D]. 青岛：青岛科技大学，2020.

[35] 王峰 .PET 材料实际强度与理论强度分析方法 [J]. 中国新技术新产品，

2019（23）：4-6.

[36] 王鹏．阻燃抗熔滴 PET 的制备与结构性能测试 [D]. 北京：北京服装学院，2014.

[37] CAI Y Z，GUO Z H，FANG Z P，et al.Effects of layered lanthanum phenylphosphonate on flame retardancy of glass-fiber reinforced poly（ethylene terephthalate） nanocomposites[J].Appl Clay Sci，2013（77-78）：10-17.

[38] CANETTI M，BERTINI F.Supermolecular structure and thermal properties ofpoly （ethylene terephthalate）/lignin composites[J].Compos Sci Technol，2007，67（15-16）：3151-3157.

[39] CHEN L，WANG Y Z.Aryl polyphosphonates：useful halogen-free flame retardants for polymers[J].Materials （Basel），2010，3（10）：4746-4760.

[40] Courtat J，Mélis F，Taulemesse J-M，et al.Effect of phosphorous-modified silica on the flame retardancy of polybutylene terephthalate based nanocomposites[J].Polym Degrad Stab，2017，143：74-84.

[41] FERRY L，DOREZ G，TAGUET A，et al.Chemical modification of lignin by phosphorus molecules to improve the fire behavior of polybutylene succinate[J].Polym Degrad Stab，2015（113）：135-143.

[42] INUWA I M，HASSAN A，WANG D Y，et al.Influence of exfoliated graphite nanoplatelets on the flammability and thermal properties of polyethylene terephthalate/polypropylene nanocomposites[J].Polym Degrad Stab，2014（110）：137-148.

[43] KALALI E N，MONTES A，WANG X，et al.Effect of phytic acid-modified layered double hydroxide on flammability and mechanical properties of intumescent flame retardant polypropylene system[J].Fire Mater，2018，42（2）：213-220.

[44] LIU Z Q，LI Z，YANG Y X，et al.A geometry effect of carbon nanomaterials on flame retardancy and mechanical properties of ethylene-vinyl acetate/magnesium hydroxide composites[J].Polymers，2018，10（9）：1028.

[45] NGUYEN T，HOANG D，KIM J.Effect of ammonium polyphosphate and melamine pyrophosphate on fire behavior and thermal stability of unsaturated

polyester synthesized from poly（ethylene terephthalate） waste[J].Macromol Res，2017，26（1）：22-28.

[46] NIU L，XU J，YANG W，et al.Study on the synergetic fire-retardant effect of nano-Sb_2O_3 in PBT matrix[J].Materials （Basel），2018，11（7）：1060.

[47] QU M H，WANG Y Z，WANG C，et al.A novel method for preparing poly（ethylene terephthalate）/$BaSO_4$ nanocomposites[J].European Polymer Journal，2005，41（11）：2569-2574.

[48] CHEN L，BIAN X C，YANG R，et al.PET in situ composites improved both flame retardancy and mechanical properties by phosphorus-containing thermotropic liquid crystalline copolyester with aromatic ether moiety[J].Compos Sci Technol，2012，72（6）：649-655.

[49] WANG D Y，SONG Y P，WANG J S，et al.Double in situ approach for the preparation of polymer nanocomposite with multi-functionality[J].Nanoscale Res Lett，2009，4（4）：303-306.

[50] WANG D Y，GE X G，WANG Y Z，et al.A novel phosphorus-containing poly（ethylene terephthalate） nanocomposite with both flame retardancy and anti-dripping effects[J].Macromol Mater Eng，2006，291（6）：638-645.

[51] 付思聪，方楷，马敬红，等.原位聚合阻燃共聚酯/磷酸盐玻璃纳米复合材料结构与性能研究[J].化工新型材料，2016，44（12）：49-52.

[52] WANG C，WU L，DAI Y，et al.Application of self-templated PHMA submicrotubes in enhancing flame-retardance and anti-dripping of PET[J].Polym Degrad Stab，2018（154）：239-247.

[53] WANG D Y，LIU X Q，WANG J S，et al.Preparation and characterisation of a novel fire retardant PET/α-zirconium phosphate nanocomposite[J].Polym Degrad Stab，2009，94（4）：544-549.

[54] XUE B，NIU M，YANG Y，et al.Multi-functional carbon microspheres with double shell layers for flame retardant poly （ethylene terephthalate）[J].Appl Surf Sci，2018（435）：656-665.

[55] YANG Y，NIU M，DAI J，et al.Flame-retarded polyethylene terephthalate with carbon microspheres/magnesium hydroxide compound flame

retardant[J].Fire Mater，2018，42（7）：794-804.

[56] 黄璐，王朝生，王春雨，等 . 含磷硅阻燃 PET 的制备及其结构与性能研究 [J]. 合成纤维工业，2016，39（2）：39-43.

[57] 曹宏伟，杜琳娟，郭洺伽，等 . 氢氧化镁阻燃增强 PET 复合材料的性能研究 [J]. 塑料科技，2017，45（9）：98-102.

[58] 黄基锐，沙建昂，龚静华，等 . 高磷含量阻燃聚酯及其与聚对苯二甲酸乙二醇酯共混物的制备研究 [J]. 化工新型材料，2017，45（12）：122-125.

[59] 靳昕怡，魏丽菲，朱志国，等 . 膨胀型阻燃剂对含磷阻燃 PET 性能的影响 [J]. 合成纤维工业，2017，40（3）：40-44.

[60] 杨中文，刘西文 . 聚对苯二甲酸乙二醇酯阻燃方法研究进展 [J]. 塑料助剂，2018（4）：13-17.

[61] GUO D M，CHEN X Q，TANG L，et al.PET-based copolyesters with bisphenol A or bisphenol F structural units：Their distinct differences in pyrolysis behaviours and flame-retardant performances[J].Polym Degrad Stab，2015（120）：158-168.

[62] GUO D M，FU T，RUAN C，et al.A new approach to improving flame retardancy，smoke suppression and anti-dripping of PET：Via arylene-ether units rearrangement reactions at high temperature[J].Polymer，2015（77）：21-31.

[63] WU Z Z，NI Y P，FU T，et al.Effect of biphenyl biimide structure on the thermal stability，flame retardancy and pyrolysis behavior of PET[J].Polym Degrad Stab，2018（155）：162-172.

[64] CHEN H B，ZHANG Y，CHEN L，et al.A main-chain phosphorus-containing poly（trimethylene terephthalate）copolyester：synthesis，characterization，and flame retardance[J].Polym Adv Technol，2012，23（9）：1276-1282.

[65] BIAN X C，CHEN L，WANG J S，et al.A novel thermotropic liquid crystalline copolyester containing phosphorus and aromatic ether moity toward high flame retardancy and low mesophase temperature[J].Journal of Polymer Science Part A：Polymer Chemistry，2010，48（5）：1182-1189.

[66] GAO Z H L L，LU S Z，YANG Z T.Studies of catalytic activities of

Sb_2O_3 in Polycondensation of TPA and EG[J].Petrochemical Technology，1998，27（8）：567-570.

[67] LI L X，GAO Z H，LU S Z，et al.A study on catalytictechnology for polycondensation of BHET[J].Industrial Catalysis，1988（6）：33-36.

[68] DONG X，CHEN L，DUAN R T，et al.Phenylmaleimide-containing PET-based copolyester：cross-linking from 2π+π cycloaddition toward flame retardance and anti-dripping[J].Polymer Chemistry，2016，7（15）：2698-2708.

[69] GE X G，WANG C，HU Z，et al.Phosphorus-containing telechelic polyester-based ionomer：Facile synthesis and antidripping effects[J].J Polym Sci，Part A：Polym Chem，2008，46（9）：2994-3006.

[70] 杨雅茹．双壳型微胶囊碳微球对 PET 及其纤维的阻燃改性和阻燃机理研究 [D]. 太原：太原理工大学，2019.

[71] 蔡彤旻．新型阻燃生物基半芳香聚酰胺复合材料的设计及燃烧机理研究 [D]. 合肥：中国科学技术大学，2020.

[72] WANG D Y，WANG Y Z，WANG J S，et al.Thermal oxidative degradation behaviours of flame-retardant copolyesters containing phosphorous linked pendent group/montmorillonite nanocomposites[J].Polym Degrad Stab，2005，87（1）：171-176.

[73] YAO Z Y，LIU X X，QIAN L J，et al.Synthesis and characterization of Aluminum 2-Carboxyethyl-Phenyl-Phosphinate and its flame-retardant application in polyester[J].Polymers，2019，11（12）：14.

[74] PHAM C T，NGUYEN B T，PHAN H T Q，et al.Highly efficient fire retardant behavior，thermal stability，and physicomechanical properties of rigid polyurethane foam based on recycled poly（ethylene terephthalate）[J].J Appl Polym Sci，2020，137（37）：13.

[75] 徐焕辉，覃迎峰，彭锐．共聚改性阻燃聚酯的合成与表征 [J]. 塑料工业，2012，40（11）：13-15，19.

[76] GUO D M，CHEN X Q，TANG L，et al.PET-based copolyesters with bisphenol A or bisphenol F structural units：Their distinct differences in pyrolysis behaviours and flame-retardant performances[J].Polymer Degra-

dation and Stability，2015（120）：158-168.

[77] ZHAO H，WANG Y Z，WANG D Y，et al.Kinetics of thermal degradation of flame retardant copolyesters containing phosphorus linked pendent groups[J]. Polym Degrad Stab，2003，80（1）：135-140.

[78] 黄意龙，龚静华，杨曙光，等.磷系阻燃共聚酯的结构与性能 [J]. 功能高分子学报，2012，25（4）：410-416.

[79] 马萌，朱志国，魏丽菲，等.磷系阻燃剂 / 硼酸锌复合阻燃 PET 的制备及性能研究 [J]. 合成纤维工业，2016，39（3）：21-25.

[80] ZHANG Y，CHEN L，ZHAO J J，et al.A phosphorus-containing PET ionomer：from ionic aggregates to flame retardance and restricted melt-dripping[J].Polymer Chemistry，2014，5（6）：1982-1991.

[81] ZHANG Y，NI Y P，HE M X，et al.Phosphorus-containing copolyesters：The effect of ionic group and its analogous phosphorus heterocycles on their flame-retardant and anti-dripping performances[J].Polymer，2015（60）：50-61.

[82] JING X K，WANG X S，GUO D M，et al.The high-temperature self-crosslinking contribution of azobenzene groups to the flame retardance and anti-dripping of copolyesters[J].Journal of Materials Chemistry A，2013，1（32）：9264.

[83] ZHAO H B，CHEN L，YANG J C，et al.A novel flame-retardant-free copolyester：cross-linking towards self extinguishing and non-dripping[J].J Mater Chem，2012，22（37）：19849.

[84] ZHAO H B，WANG X L，GUAN Y，et al.Block self-cross-linkable poly（ethylene terephthalate） copolyester via solid-state polymerization：Crystallization，cross-linking，and flame retardance[J].Polymer，2015（70）：68-76.

[85] DONG X，DUAN R T，NI Y P，et al.Fire behavior of novel imidized norbornene-containing poly（ethylene terephthalate） copolymers：Influence of retro-Diels-Alder reaction at high temperature[J].Polym Degrad Stab，2017（146）：105-112.

[86] PINGEL E，MARKOKI L J，SPILMAN G E，et al.Thermally crosslinkable thermoplastic PET-co-XTA copolyesters[J].Polymer，1999，40（1）：53-64.

[87] LIU B W，CHEN L，GUO D M，et al.Fire-safe polyesters enabled by end-group capturing chemistry[J].Angew Chem Int Ed Engl，2019，58（27）：9188-9193.

[88] AL-KHATHAMI N D，AL-RASHDI K S，BABGI B A，et al.Spectroscopic and biological properties of platinum complexes derived from 2-pyridyl Schiff bases[J].Journal of Saudi Chemical Society，2019，23（7）：903-915.

[89] CHOW C F，FUJII S，LEHN J M.Crystallization-driven constitutional changes of dynamic polymers in response to neat/solution conditions[J].Chem Commun，2007（42）：4363.

[90] LI H，ZHANG L，HU Y.Density functional theory study on the relationship between polymerization activity and substituent electronic effect of polyolefin catalysts[J].Chinese Journal of Catalysis （Chinese Version），2010，31（9）：1127-1131.

[91] 吴伶俐．谈有机化合物中诱导效应和共轭效应及应用 [J]. 郑州牧业工程高等专科学校学报，1994（2）：29-31.

[92] 吴萍．有机化学中的电子效应 [J]. 南通职业大学学报（综合版），2000（4）：24-27.

[93] 王晓艳．电子效应在有机化学中的应用 [J]. 数理医药学杂志，2011，24（6）：729-731.

[94] NARENDRA BABU K，NAGARJUNA U，REDDY G D，et al.Synthesis and antimicrobial activity of benzazolyl azolyl urea derivatives[J].J Mol Struct，2019（1198）：126871.

[95] XU T，QI X，LAN Y.Mechanism and electronic effect for the synthesis of 6-aroylated phenanthridines：A theoretical study[J].SCIENTIA SINICA Chimica，2016，46（6）：616-622.

[96] XU Z Q，GAO B J，HOU X D.Twofold influence of nitro substituent on aromatic ring for photoluminescence properties of benzoic acid functionalized polystyrene and Eu（III） complexes[J].Acta Phys Chim Sin，

2014，30（4）：745-752.
[97] ZHANG Y，TAO L，LI S，et al.Synthesis of multiresponsive and dynamic chitosan-based hydrogels for controlled release of bioactive molecules[J]. Biomacromolecules，2011，12（8）：2894-2901.
[98] 胡艾希 . 硝基对苯的衍生物化学性质的影响 [J]. 娄底师专学报，1992（2）：39-43，36.
[99] BHOOSHAN M，RAJANNA K C，GOWARDHAN D，et al.Kinetics and mechanism of trichloroisocyanuric acid/$NaNO_2$-triggered nitration of aromatic compounds under acid - free and Vilsmeier - Haack conditions[J]. Int J Chem Kinet，2019，51（7）：445-462.
[100] GOPALAKRISHNAN M，VISWANATHAN T，DAVID E，et al.Second order nonlinear optical properties of eight-membered centrosymmetric cyclic borasiloxanes[J].New J Chem，2019，43（27）：10948-10958.
[101] ABD ELWAHAB H，ABD ELFATTAH M，AHMDE A H，et al.Synthesis and characterization of some arylhydrazone ligand and its metal complexes and their potential application as flame retardant and antimicrobial additives in polyurethane for surface coating[J].J Organomet Chem，2015（791）：99-106.
[102] CHANTARASIRI N，CHULAMANEE C，MANANUNSAP T，et al.Thermally stable metal-containing polyureas from hexadentate Schiff base metal complexes and diisocyanates[J].Polym Degrad Stab，2004，86（3）：505-513.
[103] KAUSAR A，ZULFIQAR S，ISHAQ M，et al.An investigation on new high performance Schiff base polyurethanes[J].High Perform Polym，2012，24（2）：125-134.
[104] LIU H，XU K，CAI H，et al.Thermal properties and flame retardancy of novel epoxy based on phosphorus-modified Schiff-base[J].Polym Adv Technol，2012，23（1）：114-121.
[105] LIU Y，ZHANG Y，CAO Z，et al.Synthesis and performance of three flame retardant additives containing diethyl phosphite/phenyl phosphonic

moieties[J].Fire Saf J，2013（61）：185-192.

[106] LIU Z，XU M，WANG Q，et al.A novel durable flame retardant cotton fabric produced by surface chemical grafting of phosphorus and nitrogen-containing compounds[J].Cellulose，2017，24（9）：4069-4081.

[107] NAIK A D，FONTAINE G，BELLAYER S，et al.Crossing the traditional boundaries：salen-based schiff bases for thermal protective applications[J]. ACS Appl Mater Interfaces，2015，7（38）：21208-21217.

[108] SZÉP A，SZABÓ A，TÓTH N，et al.Role of montmorillonite in flame retardancy of ethylene–vinyl acetate copolymer[J].Polym Degrad Stab，2006，91（3）：593-599.

[109] WANG S，MA S，XU C，et al.Vanillin-derived high-performance flame retardant epoxy resins：facile synthesis and properties[J].Macromolecules，2017，50（5）：1892-1901.

[110] XU W，WIRASAPUTRA A，LIU S，et al.Highly effective flame retarded epoxy resin cured by DOPO-based co-curing agent[J].Polym Degrad Stab，2015（122）：44-51.

[111] YANG A H，DENG C，CHEN H，et al.A novel Schiff-base polyphosphate ester：Highly-efficient flame retardant for polyurethane elastomer[J].Polym Degrad Stab，2017（144）：70-82.

[112] ZHU Y，SHI Y，HUANG Z，et al.Preparation of Schiff base decorated graphene oxide and its application in TPU with enhanced thermal stability[J]. RSC Advances，2016，6（93）：90018-90023.

[113] BALUJA S，BHALODIA R，KASUNDRA P.Dissociation constants of some derivatives of 5-amino isophthalic acid in mixed solvents[J].Russ J Phys Chem A，2010，84（13）：2268-2269.

[114] LONG D A.Infrared and Raman characteristic group frequencies[J].Journal of Raman Spectroscopy，2004，35（10）：905.

[115] PEKCAN O，UGUR S.Molecular weight effect on polymer dissolution：a steady state fluorescence study[J].Polymer，2002，43（6）：1937-1941.

[116] LYON R E.Pyrolysis kinetics of char forming polymers[J].Polym Degrad

Stab，1998，61（2）：201-210.

[117] ZHAO H B，LIU B W，WANG X L，et al.A flame-retardant-free and thermo-cross-linkable copolyester：Flame-retardant and anti-dripping mode of action[J].Polymer，2014，55（10）：2394-2403.

[118] LUO H，ZHOU F，YANG Y，et al.Gas–condensed phase flame-retardant mechanisms of tris（3-nitrophenyl）phosphine/triphenyl phosphate/ABS[J]. J Therm Anal Calorim，2017，132（1）：263-273.

[119] YANG Y，LUO H，CAO X，et al.Preparation and characterization of a water resistance flame retardant and its enhancement on charring–forming for polycarbonate[J].J Therm Anal Calorim，2017，129（2）：809-820.

[120] EDGE M，WILES R，ALLEN N S，et al.Characterisation of the species responsible for yellowing in melt degraded aromatic polyesters .1.Yellowing of poly（ethylene terephthalate）[J].Polym Degrad Stab，1996，53（2）：141-151.

[121] HOLLAND B J，HAY J N.The thermal degradation of PET and analogous polyesters measured by thermal analysis-fourier transform infrared spectroscopy[J].Polymer，2002，43（6）：1835-1847.

[122] HOLLAND B J，HAY J N.Analysis of comonomer content and cyclic oligomers of poly（ethylene terephthalate）[J].Polymer，2002，43（6）：1797-1804.

[123] DENG Y，ZHAO C S，WANG Y Z.Effects of phosphorus-containing thermotropic liquid crystal copolyester on pyrolysis of PET and its flame retardant mechanism[J].Polym Degrad Stab，2008，93（11）：2066-2070.

[124] YANG W，SONG L，HU Y，et al.Enhancement of fire retardancy performance of glass-fibre reinforced poly（ethylene terephthalate） composites with the incorporation of aluminum hypophosphite and melamine cyanurate[J].Composites Part B：Engineering，2011，42（5）：1057-1065.

[125] LUO H，CAI X.Synthesis and characterization of nitro-containing flame retardant and its application in epoxy resins[J].Advanced Engineering Sciences，2018，50（4）：202-207.

[126] ZHAO D，WANG J，WANG X L，et al.Highly thermostable and durably flame-retardant unsaturated polyester modified by a novel polymeric flame retardant containing Schiff base and spirocyclic structures[J].Chem Eng J，2018（344）：419-430.

[127] 彭星，张发光，马军安 . 芳香重氮盐参与的协同环加成反应 [J]. 大学化学，2021，36（12）：1-5.

[128] 腾云洋，曲泽星，周中军，等 . 光诱导分步分态的苯型脱芳构化反应的理论研究 [J]. 高等学校化学学报，2021，42（3）：752-757.

[129] KOTHA S S，和波 . 纳米铂催化硝基芳烃还原成芳胺 [J]. 中国医药工业杂志，2016，47（6）：678.

[130] 李水清，谢九皋 .*N*- 硝基苯基脲类化合物的植物生长调节活性研究 [J]. 河南农业大学学报，2003（3）：245-248.

[131] 李水清，谢九皋 .*N*- 硝基三氯苯胺类化合物的杀虫活性研究 [J]. 湖北农业科学，2005（4）：48-50.

[132] 李水清，赵春，谢九皋，等 .*N*- 硝基三氯苯胺类化合物对油菜植物生长调节活性的构效关系研究 [J]. 安徽农业大学学报，2004（3）：325-329.

[133] 李鑫，董楠，程津培 .2- 硝基 -2- 亚硝基丙烷氧化 1，4- 二氢 Hantzsch 酯衍生物的反应机理 [J]. 高等学校化学学报，2012，33（2）：288-291.

[134] 马淳安，葛小芳，朱英红，等 . 芳族硝基化合物的电还原反应性能及其机理研究 [J]. 高校化学工程学报，2006（5）：728-733.

[135] 张巧玲，李水清，谢九皋 .*N*- 硝基苯基脲衍生物对油菜生长调节活性与结构相关性分析 [J]. 湖南农业大学学报（自然科学版），2004（4）：319-321.

[136] 陈佩玉，刘家成 .A2B2 型对称卟啉的合成及表征 [J]. 云南化工，2020，47（03）：72-78.

[137] 高鹏，朱永明 . 前线轨道理论解释镍的催化机理问题探讨 [J]. 化工高等教育，2019，36（6）：69-71.

[138] 梅侣松，周博，刘玉斌，等 . 羧基修饰石墨烯吸附 SF6 分解组分的 DFT 计算 [J]. 电工材料，2020（2）：42-46.

[139] 王晨阳，李福胜，管艳华，等 . 荧光探针分子探测硫化氢机理的理论

研究 [J]. 江苏理工学院学报，2020，26（2）：81-86.

[140] 焉炳飞，祁有国，宗轲宁，等 . 马兜铃酸 I 和马兜铃酸 II 密度泛函理论研究 [J]. 烟台大学学报（自然科学与工程版），2020，33（2）：146-151.

[141] 朱海波 . 硝基肉桂酸的振动光谱和分子性质研究 [D]. 大连：大连理工大学，2020.

[142] CHEGOLYA A S，SHEVCHENKO V V，MIKHAILOV G D.Formation of polyethylene terephthalate in the presence of dicarboxylic-acids[J].Journal of Polymer Science Part a-Polymer Chemistry，1979，17（3）：889-904.

[143] RAVINDRANATH K，MASHELKAR R A.Finishing stages of pet synthesis-a comprehensive model[J].AlChE J，1984，30（3）：415-422.

[144] OTTON J，RATTON S，VASNEV V A，et al.Investigation of the formation of poly（ethylene-terephthalate） with model molecules - kinetics and mechanisms of the catalytic esterification and alcoholysis reactions .2.Catalysis by metallic derivatives （monofunctional reactants）[J].Journal of Polymer Science Part A—Polymer Chemistry，1988，26（8）：2199-2224.

[145] 曾小兰，郁宁宁，王岩 . 二锗烯与几种亲核试剂加成反应的计算研究 [J]. 信阳师范学院学报（自然科学版），2020，33（4）：543-548.

[146] 罗亮，曹晓梅，赖国伟，等 . “水上”吡唑啉酮与三氟甲基酮的亲核加成（英文）[J]. 有机化学，2020，40（5）：1323-1330.